범죄
수학 season
1

# A CURIOUS HISTORY OF MATHEMATICS

Original English edition: Crimes and Mathdemeanors
Text : Leith Hathout
 Illustration : Karl H. Hofmann
© 2007 A K Peters, Ltd.

Korean Translation Copyright © 2010 by Jakeunchaekbang Publishing Co.
Korean edition is published by arrangement with A K Peters
through BC Agency, Seoul.

# 추천의 글

추리소설이라고 하면 얼마 전까지만 해도 수사관들의 끈질긴 탐문 수사와 증거 찾기, 그리고 기지에 넘치는 추론을 바탕으로 한 범죄 해결로의 도약이 기본 골격이었다. 그런데 몇 년 전부터 과학수사라는 말이 낯설지 않게 되었다. 부검, DNA 검사 등의 법의학에 바탕을 두기도 했지만 실험실에서나 볼 수 있었던 다양한 실험이 범죄 수사에 널리 응용되기 시작한 것이다. 유선방송을 통해 볼 수 있는 CSI, NCIS 등의 드라마는 범죄 사건을 해결하는 데 어떻게 과학을 동원해서 실마리를 풀어내는지, 결정적인 단서를 찾아내는지를 흥미진진하게 보여준다. 시체의 체온을 재어 살인이 일어난 후 시간이 얼마나 지났는지를 계산하고, 범죄 현장에서 찾은 머리카락 한 올로 범인을 찾아낸다.

그렇게 과학수사가 세간의 이목을 끌고 있을 때, 수학도 범죄 수사에 쓰인다는 것을 보여준 드라마가 넘버스$^{\text{Numb3rs}}$이다. 천재 수학자가 범죄 상황마다 적절한 수학을 동원하여 그 형인 FBI 요원이 수사해야 하는 지역도 좁혀주고 총알이 날아온 각도를 분석하여 범인의 위치를 찾기도 한다. 추상적이고 현실과 동떨어져 있는 듯한 수학이 사람의 행위인 범죄를 해결하는 데 사용될 수 있다는 신기함을 풀어주는 드라마이다. 그런데 넘버스에는 큰 문제가 하나 있다. 바로 '수학이 사용되는' 방법을 시청자가 이해할 수 없다는 점이다. 천재 수학자가 칠판에 수식을 마구 써내려갈 때, 시청자는 바로 구경꾼이 되어 버린다. 넘버스를 보면서 저 과정을 시청자가 이해할 수 있게 만들면 얼마나 좋을까 하는 생각을 한 적이 한두 번이 아니다.

그런데 바로 그런 책이 눈앞에 나타났다. 이 책의 번역 원고를 받아 읽어보면서 두 가지 면에서 놀랐다. 하나는 주인공인 라비의 뛰어난 재능이다. 범죄 상황을 듣고 그 안에 얽힌 비논리적인 면을 수학으로 풀어 햇볕 아래 드러나게 하는 그의 독창적인 능력은 아무리 소설 속의 인물이라고 하더라도 부러움 없이 볼 수 없다. 또 하나는 사건 해결, 좀 더 알아보기로 이어지는 저자의 친절한 설명이다. 저자는 범죄를 해결하는 과정에서 라비의 머릿속에서 벌어진 추론과 계산을 친절하게 그림과 수식을 동원해서 설명해 준다. 독자들이 라비가 "데이비스 씨는 결백합니다"라고 말한 근거를 다 이해할 수 있도록, 그리고 한발 나아가 더 멀리 볼 수 있도록 애쓴 흔적이 곳곳에 보인다. 물론 이 책을 이해하려면 대체로 고등학교 수준의 수학 지식이 필요하다. 때문에 이 책은 수학을 즐겁게 공부했던 어른에게 추억을 되살리며 읽을 수 있는 책이 된다. 또, 수학을 왜 배우냐고 묻는 학생이나 틀에 박히지 않은 수학을 즐기고 싶은 학생에게도 권하기 좋은 책이다.

남호영

# 서 문

우리 눈앞에는 자연이라는 위대한 책이 펼쳐져 있으며, 거기에는 진정한 철학이 들어 있다…… 그러나 먼저 거기에 쓰여 있는 언어와 성질을 익히지 않으면 읽을 수 없다…… 그것은 수학적 언어로 쓰여 있다……

갈릴레오 갈릴레이

위의 인용구에 따르면 수학은 물리적 세계를 지배하는 법칙을 이해하는 필수 도구로서 훌륭한 가치를 지닌다는 것을 알 수 있다. 한편으로는 수학이 매우 중요하고 엄격하여 미리 겁에 질리게 하는 것처럼 들리기도 한다. 그러나 나는 수학이 가치가 있어서가 아니라 재미있고 아름답기 때문에 좋아한다.

나는 갑자기 일어난 한순간의 통찰로 여러 문제를 해결하는 "아하"의 깨달음을 매우 좋아한다. 또한 혹독하고 끈질긴 정신적 단련의 결과 다른 사람들이 접하고 있는 문제를 해결하는 데에 도움을 줄 수 있는 승리감을 사랑한다. 반면 수학이 종종 나의 직관에 도전하고 상식을 완벽하게 뒤집어엎으면서도 변함없이 놀라움으로 가득 차 있는 것을 정말 즐긴다.

나는 초등학생이었을 때, 도널드 제이 소볼$^{Donald\ J.\ Sobol}$이 지은 〈과학탐정 브라운<sup>Encyclopedia Brown</sup>〉 시리즈를 즐겨 읽었다. '걸어 다니는 백과사전'이라 불리는 브라운이 다른 사람들이 해결하지 못하는 사건들을 지식과 논리로 해결하는 방법을 볼 때마다 나는 놀라움을 금치 못했다. 내가 더 자라 수학을 공부하게 되면서, 나는 논리뿐만 아니라 중요하기 이를 데 없는 수학을 바탕으로 여러 사건을 해결하는 브라운과 같은 어린이 탐정을 상상하기 시작했다. 그리고 수학의 개념이 실제로 적용되는지를 알아보기 위해 몇몇 이야기들을 생각하고 다루기 시작했다. 여러분이 지금 읽는 책은 그런 시도 아래 한 명의 등장인물을 만들고, 사건을 구성하고, 수학에서 발견한 즐거움을 전달하고자 한 내 노력의 결과이다. 흥미롭게도 글을 쓰는 동안에 TV 시리즈 〈넘버스<sup>Numb3rs</sup>〉가 인기를 끌며 방송되기 시작하였다. 이 시리즈는 '수학을 이용하여 사건을 해결하는' 아이디어가 실제로 독자들의 마음을 폭넓게 움직일 수 있을 것이라는 희망을 품게 했다.

나의 독자가 될 사람들은 내 친구들을 비롯하여 수학을 좋아하기는 하지만 단순히 앉아서 수학책을 읽고 문제집으로 공부하는 것에 만족하지 않는 청소년들이다. 머지않아 그들은 사건을 해결하는 상황이나 난제를 접하면서 수학적으로 분석하고 음미하게 될 것이다. 따라서 그들 중 어느 누구도 수학이 이해하기 어려운 것이라고 생각하지 않기를 바라면서 이 책에서는 주로 고등학교 수준의 수학을 다루었다.

이제 이 책에서 여러 사건을 해결하는 어린 수학탐정 '라비'에 대해 약간 설명해 보기로 하자. 라비는 스탠퍼드 대학교 수학과의 뛰어난 학생 라비 바킬Ravi Vakil의 이름을 딴 것이다. 나는 수학을 보다 더 '진지하게' 생각하게 되면서, 바킬 박사Dr. Vakil의《수학의 모자이크A Mathematical Mosaic》를 즐겨 읽었다. 그 책은 재미와 수학의 엄밀함을 정확히 맛볼 수 있도록 하며 어려서부터 수학을 공부해온 라비 바킬의 매우 흥미로운 프로필이 담겨 있다. 그래서 나는 나의 영웅의 이름에 바킬 박사의 이름을 따서 붙이기로 하였다. 하지만 바킬 박사는 나를 전혀 알지 못하며, 주인공에게 이름을 붙이기 전에 나는 그의 의견을 묻지 않았다. 그가 이런 나의 선택에 마음을 쓰지 않기를 진심으로 바란다.

이 책에서 다루고 있는 탐정 이야기 속 문제들은 많은 자료를 참조한 것으로, 이것은 모두 책 말미의 찾아보기에 기록해 놓았다. 나는 수학에 얼마간의 흥미를 가지고 있는 사람이면 누구에게나 이 책들을 적극적으로 추천하였다. 몇 년에 걸쳐 수학책을 읽고 수학 문제를 해결하면서, 종종 문제는 기억하지만 그 출처가 기억나지 않아 밝히지 못한 것도 있다. 그러나 대부분 어떤 이야기에서 문제를 발견했을 경우에는 그것을 기억하고 그 출처를 밝혔다. 그런데 그중에서도 몇몇 문제들은 이미 널리 알려져 수학이라는 학문의 일부분이 되고 많은 책에서 찾아볼 수 있는 것도 있다. 그렇기 때문에 이런 경우는 어느 누군가에게 최초 문제 출제자로서의 공을 넘기기 어렵다. 그러나 어떤 경우라도 이들 대부분의 문제에 대해 내가 만든 것처럼 행동하지는 않았으며, 단지 그중에서 몇 문제는 내가 구성한 것임을 밝혀 둔다. 그러나 나는 흥미롭고 기발한 이야기의 상황 속에 필요한 문제를 배치함으로써 그 문제에 변화를 주었다. 또 처음의 틀과 나의 독자가 될 이들에게 맞는 틀에 맞추어 문제를 제시하고 해결하려고 하였다.

나는 내가 이 책을 쓰면서 느꼈던 즐거움을 독자 여러분도 발견하게 되기를 바란다. 《수학의 모자이크》를 읽으면서 내가 수학에 열정을 가졌던 것처럼 그 얼마만큼이라도 이 책이 독자들에게 영향을 미친다면, 나는 황송함과 더불어 자랑스러운 마음이 들 것이다.

## 감사의 말

내 나이에 수학책은 말할 것도 없고, 책을 쓰는 것이 흔치 않은 일임을 알고 있다. 이것은 훌륭한 발행인인 클라우스 피터스의 엄청난 지지는 물론, 부모님의 격려가 없었다면 할 수 없었을 것이다. 진지한 원고 검토 후 많은 유용한 제안과 함께 실수가 있는 부분을 지적하고 수정해 준 캐서린 소샤 박사에게 진심으로 감사드린다. 또 이야기의 줄거리를 검토하고, 특히 이야기가 활기차게 구성되도록 명쾌한 설명과 많은 조언을 해 준 칼 호프만 박사에게도 진심으로 감사드린다. 샬럿 헨더슨 양에게도 더없이 감사한 마음의 빚을 졌다. 그녀는 정말 꼼꼼하게 원고를 검토하고 편집하고 필요에 따라 의미를 명료하게 만드는가 하면, 모든 삽화를 다시 그리기도 하는 등 엄청난 노력을 쏟아부어줘 책이 더욱 재미있고 명확해졌으며 더 좋아졌다.

마지막으로 나의 아버지에게 특별히 감사하고 싶다. 그것은 내가 쓴 첫 번째 이야기들을 읽고, '걸어 다니는 백과사전 브라운'처럼 수학탐정에 대한 아이디어로 출판할 수 있도록 제안해 주신 분이기 때문이다. 그 당시 아버지는 의사로서 온 정신을 집중하여 의학책을 쓰고 계셨다. 아버지는 책에 대한 아이디어를 구체화하여 잘 쓸 수 있도록 계속 격려해 주셨다. 그리고 나는 나의 책을, 아버지는 아버지의 책을 열심히 쓰자고 서로 약속했고 아버지는 그 약속을 지키셨다.

# 목 차

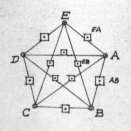

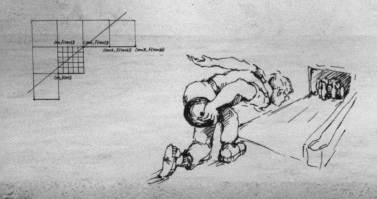

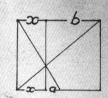

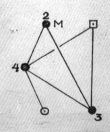

# 시커모어가에서의 살인 사건

라비는 시커모어 423번가에 있는 잘 정리된 넓은 잔디밭 위를
걸어갔다. 두 대의 경찰차가 비상등을 켠 채 현관에 높고 둥근 기
둥이 있는 하얀색의 꽤 큰 저택 차도 위에 서 있었다.

라비가 가까이 다가가자 경관이 그를 향해 고개를 끄덕이며 인
사했다. 라비는 곱슬거리는 갈색 머리칼과 크고 호기심 어린 갈
색 눈을 가진 비쩍 마른 14살 소년이다. 경찰이 10대 소년에게
살인 사건 현장을 조사할 수 있는 권한을 주었다는 것은 결코 흔
하지 않은 일이다. 따라서 이것으로 보아 라비는 평범한 10대가
아님을 짐작할 수 있다. 라비는 평소 자신은 그저 수수께끼를 좋
아하며 특히 수학이 조금이라도 관련된 문제는 완전히 해결될 때
까지 생각하는 것을 좋아할 뿐이라고 매우 겸손하게 행동해 왔지
만, 매번 천재라는 소리를 들었다. 라비는 신비롭기까지 한 이 수
학적 능력으로 시카고 경찰국의 범죄 수사과 과장인 돕슨의 신임
을 얻었다.

돕슨이 라비를 알게 된 것은 아들 앤디를 통해서이다. 당시 10학년이었던 라비는 앤디와 같은 반 친구였다. 어느 날 라비가 돕슨 과장의 집에서 저녁 식사를 하게 되었을 때, 돕슨은 좀체 해결되지 않는 난해한 사건을 자세히 이야기했다. 라비는 잠시 생각하는가 싶더니 곧바로 그 사건을 해결했다. 그 일 이후, 돕슨은 종종 해결하기 어려운 사건에 부딪히면 라비에게 조언을 구하곤 했다.

라비는 재빨리 네 개의 계단을 뛰어 올라가 반쯤 열린 커다란 문으로 들어갔다. 나무문에는 무늬가 새겨져 있었다. 라비는 대리석으로 장식한 통로를 따라 걸어 들어갔다.

"안녕, 라비. 어서와."

돕슨 과장이 말했다.

"안녕하세요, 대장. 뭐 알아낸 거라도 있으세요?"

돕슨은 라비에게 거실로 따라오라고 손짓했다.

"이분들은 아텐 박사와 그 부인이야. 불행하게도 오늘 집에서 살인 사건이 일어났어."

"들었어요. 정말 유감스러운 일이에요. 제가 어떻게 도와드리면 되죠?"

"음, 피해자는 남성으로 이름은 로스모이니 박사야. 이분들의 친구지. 그는 오늘 점심시간 후 뒤통수에 한 발의 총을 맞고 살해되었네. 발견되었을 때 바로 옆에 수화기가 흔들거리고 있었던 것으로 보아 분명히 문에 기댄 채 전화를 하고 있었던 모양이야."

"누가 그를 발견했죠?"

"나야."

라비의 질문에 아덴 박사가 대답했다. 라비는 몸을 돌려 두 손을 깍지 끼듯 움켜쥔 채 작은 소파 위에 앉아 있는 아덴 박사와 그 부인을 보았다.

"무슨 일이 있었는지 말씀해 주세요."

정중한 라비의 요청에 아덴 박사는 매우 비참하게 끝난 바비큐 요리 점심 식사에 대해 자세히 이야기하기 시작했다.

"오늘이 일요일이어서 아침 겸 점심 식사를 위해 몇몇 친구들을 초대했어. 댄 로스모이니, 웬트워스 씨 부부, 피네간 씨 부부, 이렇게 모두 5명을 초대했는데, 다들 11시에서 11시 30분 사이에 도착했어. 뒤뜰과 2층에 있는 방을 오가며 식사를 하고 수다를 떠거나 TV에서 중계하는 농구 게임을 보기도 했어. 사건이 일어나기 전까지만 하더라도 오늘은 그저 나른하기 이를 데 없는 평범한 일요일이었어. 나는 수영장 바로 옆에서 고기를 굽느라 내내 나가 있었고, (부인을 쳐다보며) 스테이시는 부엌과 2층의 방을 왔다 갔다 했어. 고기를 굽는 동안 나는 아티 웬트워스 씨와 정치 이야기를 하고 있었고, 다른 사람들은 2층에서 농구 게임을 보았어. 나는 파티가 벌어지는 동안 댄을 거의 보지 못했어. 그는 그다지 햇볕을 좋아하지 않았거든. 여하튼 중간에 댄의 모습이 보이지 않아 갔다고 생각했어. 병원에 위급한 일이 있을 거라고 생각했던 것 같아."

"로스모이니 씨가 떠나는 것을 본 사람이 있나요?"

"아니, 없어."

라비의 질문에 아덴 박사가 대답했다. 아덴 부인 또한 고개를 가볍게 저었다.

"내가 고기를 얼마나 잘 굽고 있는지 보려고 밥 피네간 씨가 밖으로 나와 잡담을 하면서, 자신은 완전하게 익힌 스테이크를 좋아한다고 했어. 그때 댄이 전화를 해야 했는지 밥에게 우리 집 전화기가 어디에 있는지를 물었어. 밥이 아래층 서재에 전화기가 있다고 말하자 곧바로 나에게 맞느냐고 묻더군. 그래서 그렇다고 대답해 줬어. 그 이후에는 우리 모두 TV에서 중계하는 농구 게임에 빠져들었어. 불스팀이 연장전을 하고 있었거든. 댄이 우리랑 함께 있지 않다는 것을 알았을 때는 단지 병원으로 돌아갔다고 짐작했었어. 알다시피 그것이 산부인과 의사의 생활이니까. 신생아들이 의사를 기다려주지는 않잖아."

"아덴 박사님, 그럼 로스모이니 씨는 박사님의 병원 동료인가요?"

라비가 물었다.

"아니. 나는 대학교수야. 사회학 박사학위를 가지고 있지."

"그럼 피해자를 어떻게 알게 되었죠?"

잠시 어색한 침묵이 흘렀다. 아덴 박사와 그 부인이 서로를 쳐다보았다. 아덴 박사는 숨을 깊이 들이쉬더니 이야기를 시작했다.

"댄은…… 우리 주치의야. 임신이 되지 않아서 그에게 진료를 받게 되었는데, 그 후 친구처럼 지내면서 가끔씩 만났어. 하지만 우리는 너무 가깝지도 않고 오히려 아무런 관계가 아닐 수도 있어. 댄은 오늘 우리 집에 온 다른 손님들과도 친분이 있지. 그의 부인이 교외로 외출해서 함께 식사하려고 초대한 거야."

라비는 자신의 턱을 부드럽게 만지며 물었다.

"아덴 박사님, 로스모이니 씨를 어떻게 발견했죠?"

"초대 손님들이 떠난 후 서재로 갔는데, 바로 거기에 피가 고여 있었고 바닥에 얼굴을 묻은 채 엎어져 있더라고. 정말 끔찍했어!"

라비가 계속하여 질문하는 동안 돕슨은 방해하지 않으려는 듯 바라보고만 있었다. 하지만 대부분의 질문 내용은 라비가 이곳에 도착하기 전에 이미 돕슨이 아덴 씨 부부에게 묻고 답변을 들었던 것이었다.

"집에 다른 사람은 없었나요? 이를테면 가사도우미나 어린아이는?"

"없었어."

아덴 박사가 대답했다.

"일요일은 가사도우미가 쉬는 날이야. 그리고 아까 이야기한 대로 우리에게는 아이가 없어. 피네간 씨 부부는 집에 아이들을 두고 왔고, 웬트워스 씨 부부 역시 아이들이 없어."

"하지만 줄리 웬트워스 씨는 임신 중이야."

아덴 부인이 불쑥 말했다.

"아덴 부인, 손님들 중 누가 가장 먼저 떠났는지 기억하세요?"

"모두 함께 떠났어."

라비의 질문에 아덴 부인이 대답했다.

"사실인가요?"

라비가 되물었다.

"그래. 스테이시와 나는 대문 앞 차도에 세워 놓은 그들의 차가 있는 곳까지 걸어갔고, 그곳에서 서로 악수를 나눈 다음 다들 자신의 집으로 돌아갔어. 평소에는 좀 건망증이 있는 편인데도 이것만은 꽤 뚜렷하게 기억하고 있어. 왜냐하면 그들이 차에 타기 직전에 내가 스테이시와 피네간 씨 부부, 웬트워스 씨 부부 이렇게 5명에게 각각 몇 번씩 악수했는지를 물어보았기 때문이야. 그런 질문을 한 것은 내가 요즘 사회 풍습의 변화에 대한 프로젝트를 진행하고 있기 때문이야. 그런데 5명 모두 같은 대답을 한 사람이 없어서 정말 신기하다고 생각했었어."

라비는 눈을 약간 치켜뜨고 허공을 쳐다보면서 정리가 잘 되지 않는 듯한 말투로 물었다.

"그분들이 답변한 내용을 기억하세요?"

"아니. 너도 알다시피 그때는 건성으로 들을 만한 상황이잖니."

"물론, 그렇죠"

라비가 이번에는 스테이시 아덴 부인 쪽을 바라봤다.

"아덴 부인, 부인은 그분들이 말한 내용을 기억하세요?"

"아니, 나도 기억나지 않아."

그녀가 대답했다.

"그러면 부인은 몇 번이나 악수를 했는지 기억하세요?"

"4번이야. 손님들 모두와 악수를 했거든."

아덴 부인은 조금 주저하는가 싶더니 곧 대답했다.

"대장, 또 다른 무언가 알아낸 것이 있으세요?"

라비는 돕슨 과장을 쳐다보며 질문했다.

"피네간 씨 부부와 웬트워스 씨 부부와는 이야기해 보셨어요?"

"물론이지. 경관 몇 명이 아직 그 사람들 집에 있어. 그들은 방금 네가 들은 상황에 대해 조금 더 자세한 이야기를 해 주었어. 밥 피네간 씨는 댄 로스모이니 씨가 자신에게 전화기가 있는 곳에 대하여 물어보았는데, 자신이 알고 있기로는 전화기가 서재에 있고, 아마 아덴 씨 부부의 침실에도 한 개 더 있을 거라고 말했다더군. 그런 다음 모두가 농구 게임에 빠져들었고, 로스모이니 박사가 보이지 않아 떠났을 거로 생각했다고 했어."

"총소리를 들은 사람은 없나요?"

라비가 물었다.

"아니, 아무도 없어. 그 사람들 모두 TV 소리가 너무 컸고, 선수들을 보면서 소리를 지르고 있었다고 주장해. 마이클 조던이 공을 잘 넣지는 못했지만 계속 공을 튕기며 몰아가고 있었다는 거야."

과장이 대답한 뒤 머리를 살짝 위로 재끼며, 라비에게 현관으로 가라는 신호를 보냈다.

라비를 뒤따라나온 과장이 문을 닫은 다음 그 문에 등을 기대며 말했다.

"살인에 사용된 무기를 찾아내지 못해서 지금 경관들이 피네간 씨 집과 웬트워스 씨 집 여기저기를 수색하고 있어. 그리고 살인 동기를 가지고 있는 사람이 있어. 밥 피네간 씨가 로스모이니 박사의 사무실에서 사무직원으로 열심히 일해 왔는데, 2년 전 박사가 메시 병원으로 직장을 옮길 때 그만두도록 했다는 거야. 피네간 씨는 그에 대해 전혀 악감정을 가지고 있지 않을 뿐더러 그들은 여전히 좋은 친구였다고 주장하더군. 메시 병원에 사무직원이 있었기 때문에 로스모이니 박사가 자신을 그만두게 했던 것 같다는 거야. 또 로스모이니 박사는 자신의 부인과 만나기 전에 줄리 웬트워스 부인과 만나곤 했다는 것도 알아냈어. 하지만 그녀도 오래전 일인데다가, 그들은 서로 더 이상 연인 관계로는 만나지 않기로 했으며, 이후 좋은 친구로 남게 되었다고 말하더군."

"흥미롭군요."

라비가 재미있다는 듯이 말했다.

"그 밖에 또 다른 것은 없어요?"

"아니, 한 가지가 더 있어."

과장이 목소리를 절반으로 낮추어 속삭이듯이 말했다.

"우리는 총을 쏜 사람의 손에는 화약이 남아 있을 것이라 생각하고 모든 사람을 대상으로 화약 잔류 상태를 알아보기 위한 파라핀 검사를 했어. 여기에 밥 피네간 씨가 양성반응을 보였지. 하지만 내 생각에는 누군가가 묻히지 않았을까 해. 줄리 웬트워스 부인과 스테이시 아덴 부인도 양성반응을 보였어. 그리고 다른 사람들은 음성으로 나왔단다."

"로스모이니 박사가 무선호출 수신기를 지니고 있었나요, 대장?"

라비가 물었다.

"뭐?"

"호출기요. 의사들이 가지고 다니는 거 있잖아요. 일요일인데, 그가 호출기를 가지고 있었을까요?"

과장이 난처하다는 표정을 지었다.

"글쎄, 모르겠는걸. 미처 그것에 대해서는 알아보지 못했어. 하지만 지금 당장 검시관의 사무실로 전화해서 조사해 보도록 할게. 저쪽으로 가서 전화를 해야겠어."

과장이 휴대폰을 꺼내 번호를 누르기 시작했다. 그 사이에 라비는 이른 저녁의 신선한 공기를 들이마시며 걸어나갔다.

그는 발아래의 싱싱한 초록색 잔디를 쳐다보며 생각에 잠긴 채 어슬렁어슬렁 걸어 다니다 갑자기 거의 뛰듯이 다가왔다.

"좋은 생각이었어, 라비. 그의 호주머니에 작은 호출기가 있었어. 호출을 받았는지 확인했는데, 12시 49분에 받은 기록이 남아 있더라고. 호출기가 진동으로 울렸기 때문에 아무도 그가 호출받는 것을 듣지 못했던 것 같아. 경관이 그 호출기에 있는 번호로 전화했더니, 메시 병원의 교환원이 전화를 받았다고 하더군. 좋은 생각이긴 했는데 별 도움이 되지는 않네. 여전히 진전이 없군."

"아니에요. 그렇지 않아요, 대장."

라비가 자신의 자전거를 찾아가지고 오기 위해 차도 끝으로 걸어가며 말했다. 돕슨 과장은 라비가 일요일 저녁 식사를 위해 집에 가야 한다는 것을 알고 있었다.

"제 생각에는 사건이 해결된 것 같아요"

라비가 자전거에 걸터앉아 살며시 미소 지으며 말했다.

"해결했다고?!"

돕슨 과장은 믿지 못하겠다는 듯이 눈을 크게 뜨고 물었다.

"네."

라비가 대답하며 자전거 페달을 밟아 차도 밖 거리로 나가기 시작했다. 그리고는 고개를 돌려 돕슨 과장에게 말했다.

"살인자는……."

이제, 여러분이 라비와 함께 지혜를 발휘할 때이다. 과연, 누가 로스모이니 박사를 살해했을까?

# 사건 분석

라비가 부모님과 식사를 끝낸 저녁 늦은 시간, 돕슨 과장이 라비의 집을 방문해 어떻게 그 사건을 해결했는지 물었다. 라비는 미소를 지으며 말했다.

"대장, 사실은 아덴 박사가 해결했어요. 그 사건은 약간의 논리적인 문제를 안고 있었어요. 이를테면 스테이시 아덴 부인이 몇 번 악수를 했어야 하는가와 같은 문제 말이에요."

라비가 계속 말을 이어갔다.

"대장 부부가 저녁 식사에 두 쌍의 부부를 초대했다고 해 봐요. 식사를 끝낸 후, 대장 부부와 초대 손님들이 문으로 걸어가 악수를 하며 헤어집니다. 물론 남편은 자신의 부인과 악수하지 않고, 부인도 자신의 남편과 악수를 하지 않아요. 마침 그때 대장이 손님들과 대장의 부인에게 각각 몇 번이나 악수했는지를 질문해요. 그리고 각자가 대장에게 다른 답변을 한다고 가정해 보아요."

"좋아."

"그때 대장의 부인은 몇 번의 악수를 했을까요?"

라비가 물었다.

"뭐라고?"

돕슨은 질문을 이해하지 못한 듯 물었다.

"대장 부인은 악수를 몇 번이나 했을까요?"

라비가 되물었다.

"모르겠어. 네가 말해 주지 않았잖아. 내가 그것을 계산할 수 있다고 생각하니? 나는 그것을 계산할 만한 충분한 정보가 없어. 여하튼 그것이 뭐가 중요해? 그게 이번 사건과 어떤 관계가 있다는 거니?"

라비는 사건의 전말을 단 하나의 문제로 만들 수 있었으며, 이 문제를 해결하는 것은 사건을 해결하는 것이기도 했다. 돕슨 과장은 문제를 이해하지 못했다. 하지만 만약 여러분이 문제를 충분히 이해했다면, 여러분 또한 이 사건을 해결하게 될 것이다!

# 사건 해결

 사건 분석에서 제시한 문제를 해결하기 위해서는 먼저 '문제를 이해하는 것'이 필요하다. 여기서는 대장 돕슨이 자신의 부인이 몇 번이나 악수했는지 또는 우리가 아덴 부인이 몇 번이나 악수했는지를 알기 위한 정보가 거의 없는 것처럼 보인다. 하지만 문제를 보다 신중하게 생각해 보면, 단 하나의 해가 있다는 것을 알게 될 것이다.

 정보가 충분하지 않은 것처럼 생각되기 때문에, 우리가 가지고 있는 정보는 어떤 것이라도 중요하다. 아덴 박사와 그의 부인이 두 쌍의 부부를 초대했으며, 부부끼리는 악수하지 않았다고 했으므로 다음의 두 가지 중요한 사실을 생각해 낼 수 있다.

 1. 3쌍의 부부, 즉 모두 6명이 있기 때문에 누구든지 악수를 할 수 있는 최대 횟수는 4번이다. 그 사람이 X라면 그는 자신이나 자신의 배우자와 악수를 하지 않기 때문에 최대 4번의 악수를

하게 된다.

2. 아덴 박사는 자신의 부인과 두 쌍의 부부에게 그들이 한 악수의 횟수에 대해 물었고, 그들은 각자 아덴 박사에게 분명히 다른 답변을 했다. 5명이 서로 다른 횟수만큼의 악수를 했고 최대 악수 횟수는 4이다. 그러므로 아덴 부인과 두 부부가 서로 한 악수의 횟수는 각각 0, 1, 2, 3, 4이어야 한다. 아덴 박사가 자신에게는 질문을 하지 않았기 때문에, 그가 몇 번이나 악수를 했는지에 대해서 우리는 어떤 정보도 가지고 있지 않다. 따라서 나머지 다섯 사람에 대해서만 생각하기로 한다.

이 중요한 사실들을 바탕으로 또 다른 사실을 생각해 낼 수 있다. 여기서 A가 4번 악수한 사람이라고 가정하자. A는 자신이나 자신의 배우자와는 악수를 하지 않으므로 파티에 참석한 사람들 중 나머지 4명과 모두 악수했다고 할 수 있다. 이때, A의 배우자는 악수를 한 번도 하지 않은 사람임에 틀림없다. 왜냐하면 그를 제외한 다른 모든 사람들이 A와 악수를 했기 때문이다. 그러므로 여기서 생각할 수 있는 또 다른 사실은 바로, 누군가가 악수를 네 번 했다면, 그(그녀)의 배우자는 한 번도 악수를 하지 않은 사람이 되어야 한다는 것이다.

이제, 아덴 부인이 실제로 몇 번이나 악수했는지를 계산하면서 위의 사실들이 문제 해결에 충분한 정보가 되고 있는지를 알아보자. 악수하는 상황을 보다 쉽게 이해하기 위해 다음과 같이 6명이 각각 표시된 그림을 그려 알아보기로 한다. 아덴 부인이 네 번 악수를 했다고 했기 때문에, [그림 1]과 같이 나타낼 수 있다. 각 개인은 이니셜로 표시하기로 한다.

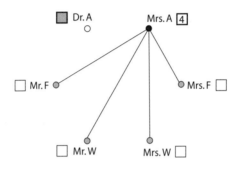

[**그림 1**] 아덴 부인이 4번의 악수를 한다.

그런데 아덴 부인이 네 번 악수를 했다면, 다른 손님들 중 어느 누구도 악수를 0번 했을 리가 없다. 그것은 그녀가 그들 모두와 악수를 했기 때문이다. 그러므로 아덴 부인이 4번 악수를 했다는 것은 거짓이다.

마찬가지로 아덴 부인이 0번 악수를 했다면, 손님들 중 한 사람이 네 번 악수를 했음에 틀림없다. 그 사람을 웬트워스 씨라고 해 보자. 이때 그는 자신의 부인과 악수할 수 없다. 그래서 피네간 씨 부부, 아덴 씨 부부와 악수를 했음에 틀림없다. 이것은 아덴 부인이 0번 악수를 했다는 가정에 모순된다. 따라서 아덴 부인은 0번 악수를 하지 않았음을 알 수 있다.

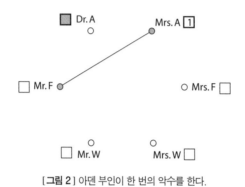

[**그림 2**] 아덴 부인이 한 번의 악수를 한다.

또 [**그림 2**]처럼 아덴 부인이 1번의 악수를 했을 경우에 대해 알아보자.

위의 그림(상황)이 대칭적이기 때문에 아덴 부인이 누구와 악수를 했는지는 중요하지 않다. 예를 들어 피네간 씨와 악수를 했다고 가정해 보자. 이제 그녀는 더 이상 누구와도 악수를 할 수 없다. 그것은 그녀가 1번만 악수를 한 것으로 가정했기 때문이다. 이때 피네간 씨는 네 번 악수한 사람이 되어야 한다. 그것은 다른 어느 누구도 아덴 부인과 악수를 할 수 없으며, 따라서 아덴 부인과 악수한 피네간 씨를 제외한 다른 사람들은 최대 3번의 악수를 할 수 있다. 이 상황을 [그림3]과 같이 나타낼 수 있다.

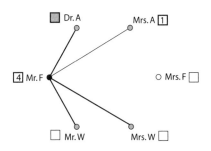

[**그림 3**] 아덴 부인이 1번 악수를 하고, 피네간 씨가 4번 악수를 한다.

    이때 피네간 씨가 4번 악수를 했기 때문에, 피네간 부인은 앞서 추가로 알게 된 사실에 의해 악수를 한 번도 하지 않은 사람이 되어야 한다. 그러므로 웬트워스 씨와 그 부인은 각각 2번과 3번의 악수를 했어야 한다. 그러나 그것은 불가능하다. 일단 웬트워스 씨를 살펴보기로 하자(웬트워스 부인의 상황으로 바꾸어 생각해도 상관 없다). 그는 자신의 부인이나 피네간 부인(그녀는 악수를 하지 않는 다) 또는 아덴 부인(그녀는 가정에 의해 1번만 피네간 씨와 악수를 한다) 과 악수를 할 수 없다. 그러므로 웬트워스 씨는 아덴 박사와 피네 간 씨하고만 악수를 할 수 있으므로 3번의 악수를 할 수는 없다. 따라서 이 모든 상황을 종합해 볼 때 결국 아덴 부인이 단지 1번 의 악수를 했을 리는 없다.

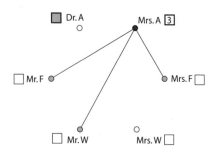

[**그림 4**] 아덴 부인은 3번 악수를 한다.

이제, [그림 4]에서처럼 아덴 부인이 3번 악수를 했다고 가정해 보자. 그러면 그녀는 한 쌍의 부부, 그리고 다른 한 쌍의 부부 중 한 명하고만 악수를 했어야 한다. 그녀가 피네간 씨 부부, 웬트워스 씨와 악수를 했다고 가정하자. 여기서 웬트워스 부인은 한 번도 악수를 하지 않아야 한다. 이것으로 보아 웬트워스 씨가 4번 악수하는 사람이 되어야 한다.

그러므로 [그림 5]에서와 같이 웬트워스 씨는 아덴 씨 부부, 피네간 씨 부부와 악수를 할 수밖에 없다.

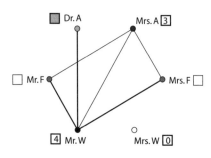

[**그림 5**] 아덴 부인이 3번 악수를 하고, 웬트워스 씨는 4번 악수를 한다.

이때 1번 악수를 한 사람을 정할 수 없다는 문제가 생긴다. 그것은 악수의 횟수가 할당되지 않은 두 사람(피네간 씨 부부)이 이미 2번의 악수를 했기 때문이다. 따라서 아덴 부인이 3번의 악수를 했을 리가 없다.

이제 다음과 같은 단 한 가지 가능성, 즉 아덴 부인이 2번 악수를 했다고 가정하는 경우만을 남겨놓고 있다. 이 경우에 대해서도 다음 두 가지로 나누어 생각할 수 있다.

⑴ 한 쌍의 부부(예를 들어 피네간 씨 부부)와 악수하는 경우
⑵ 두 쌍의 부부에 대하여 각각 한 명(예를 들어 피네간 씨와 웬트워스 부인)하고만 악수하는 경우

먼저 [그림6]에서와 같이 첫 번째 경우에 대하여 살펴보기로 하자.

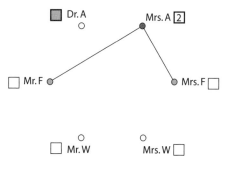

[**그림 6**] 아덴 부인은 한 쌍의 부부와 2번 악수를 한다.

이때 아덴 부인과 악수한 사람 중 한 명은 네 번 악수한 사람이어야 한다. 손님들 중 어느 누구도 그녀와 악수하지 않고 네 번 악수를 할 수 없기 때문이다. 그러나 네 번 악수한 사람은 한 번도 악수를 하지 않는 사람의 배우자이다. 즉 피네간 씨가 네 번 악수를 한다면, 피네간 부인은 악수를 한 번도 하지 않아야 한다. 그러나 그것은 불가능하다. 왜냐하면 가정에 의해 피네간 부인이 아덴 부인과 악수를 했기 때문이다.

이제 두 번째 경우, 즉 아덴 부인이 두 번 악수를 하지만 같은 커플과는 악수를 하지 않는 시나리오만이 남아 있다. 마찬가지로 상황이 대칭적이기 때문에, 여기서는 [그림 7]에서와 같이 아덴 부인이 피네간 씨와 웬트워스 부인과 악수를 했다고 하자.

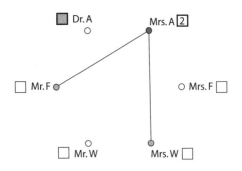

[**그림 7**] 아덴 부인은 두 쌍의 부부에서 각각 한 명과 2번 악수를 한다.

여기서 이 시나리오를 완성하기 위해서는 피네간 씨가 4번 악수를 하고 피네간 부인은 악수를 하지 않거나 또는 웬트워스 부인이 네 번 악수를 하고 웬트워스 씨가 한 번도 악수하지 않아야 한다. 이때 [그림8]에서처럼 피네간 씨가 4번 악수를 하고 피네간 부인이 악수를 하지 않는다고 가정하자.

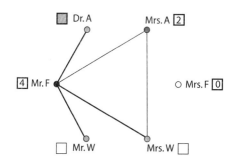

[그림 8] 아덴 부인은 2번 악수를 하고, 피네간 씨는 4번 악수를 한다.

따라서 1번 악수를 한 사람과 3번 악수를 한 사람은 웬트워스 씨와 웬트워스 부인이 되어야 한다. 웬트워스 부인은 이미 1번 이상의 악수를 했기 때문에, 웬트워스 씨가 피네간 씨와 한 번 악수를 하게 된다. 웬트워스 부인의 처음 두 번의 악수는 아덴 부인과 피네간 씨와 한 것이다. 피네간 부인은 악수를 하지 않기 때문에, 웬트워스 부인이 아덴 박사와 세 번째 악수를 해야 한다. 따라서 이 상황을 종합하면 [그림9]와 같이 모든 사실에 들어맞는 완벽한 상황을 그림으로 나타낼 수 있다.

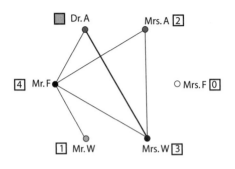

[**그림 9**] 0번, 1번, 2번, 3번, 4번의 악수가 이루어지는 상황

그림이 문제 상황에 맞게 잘 그려졌다. 그리고 모순도 없다! 우리가 해결해야 하는 문제는 이 상황에서만 잘 들어맞는다. 이것은 놀랍고 굉장한 일이다. 처음에는 충분하지 않은 정보를 가진채 문제를 해결해야 한다고 생각했는데, 결국 아덴 부인이 정확히 두 번 악수를 했으며 악수한 상대가 서로 다른 두 쌍의 부부중 각각 한 사람이라는 것까지 알게 되지 않았는가 말이다.

이 사건에서 아덴 부인은 밥 피네간 씨, 줄리 웬트워스 부인과 악수를 했다. 로스모이니 씨에게 총을 쏜 아덴 부인의 오른손에는 화약이 남아, 그녀가 밥 피네간 씨, 줄리 웬트워스 부인과 악수하면서 그들의 손에 화약을 묻히게 된 것이다. 화약 잔류 검사에서 이 세 사람이 양성반응을 보인 이유는 바로 이 때문이다. 그녀와 악수한 것이 그들에게는 매우 운이 나쁜 일이었다. 이것으로 라비는 사건을 해결하게 되었다.

라비는 돕슨 과장에게 해결 과정을 자세하게 설명한 후, 아덴 부인이 일요일에 사용한 집 전화와 휴대폰 통화 기록을 조사해 보도록 하였다. 실제로 아덴 부인은 휴대폰으로 정확히 12시 49분에 로스모이니 씨의 휴대용 호출기에 호출을 했다. 그녀는 메시 병원 전화번호로 호출 신호를 보낸 다음 그가 호출에 답하도록 하기 위해 서재로 유인하였고, 다른 모든 사람이 게임에 빠져 있는 동안, 총을 쐈던 것이다. 아덴 부인은 경찰이 그녀가 악수한 횟수에 대하여 거짓말을 한 것과 사건과 관련된 여러 가지 증거를 들이대자, 결국 범죄 사실을 털어놓았다. 로스모이니 박사의 도움으로 피네간 씨 부부는 아이를 가질 수 있게 되었지만, 자신의 임신에는 도움이 되지 않자 항상 불평하던 그녀는 줄리 웬트워스 부인마저 임신하게 된 것을 알고 완전히 분별력을 잃었다. 그리고 자신의 좌절감을 로스모이니 박사를 살해하는 것으로 풀었던 것이다.

이제 라비는 휴식을 취해야 할 또 다른 문제를 남겨두고 있었다. 월요일 아침에 있을 수학 시험을 위해 잠을 자러 갈 시간이 되었던 것이다.

# 좀 더 알아보기

실제로 이런 유형의 사건에 대하여 생각하려면 다음과 같은 매우 재미있는 정리를 증명해야 한다.

한 부부가 $x$쌍의 부부를 초대하여 저녁 식사를 했다. 식사 후 손님들이 떠날 때, 자신의 배우자와는 악수를 하지 않는다는 원칙 아래 서로 악수를 하였다. 이때 주인이 자신의 부인을 비롯해 참석한 $2x$명의 다른 사람들에게 각자 몇 번이나 악수했는지를 묻고, 모든 사람이 다른 답변을 했다면, 그의 부인은 $x$번 악수를 한 것이다.

이 정리를 증명하는 가장 좋은 방법은 수학적 귀납법이다. 이 방법은 다음 두 가지 경우를 증명해야 한다.

1. 한 개의 기본수, 보통 어떤 작은 수에 대하여 이 정리가 성립함을 보인다.

2. $x=n$일 때 정리가 성립하면, $x=n+1$일 때에도 이 정리가 성립함을 보인다.

이 두 가지 경우를 각각 증명하면, 결국 모든 $x$에 대하여 그 정리가 성립함을 보인 셈이 된다. 이 방법에 따라 앞의 정리를 증명해 보자.

한 쌍의 부부가 $x$쌍의 부부를 초대한 다음, 모든 사람이 앞에서 세운 규칙에 따라 악수를 한다고 할 때, 주인의 부인이 악수한 횟수를 $P(x)$라고 하자. 이때 앞의 정리를 증명한다는 것은 결국 모든 $x$에 대하여, $P(x)=x$임을 증명하는 것과 같다.

먼저 1의 경우를 증명하자. 여기에서 기본수는 $x=2$이다. 우리는 사건을 해결하는 과정에서 $P(2)=2$임을 이미 보였다. 이것은 두 쌍의 부부를 초대하여 규칙에 따라 악수를 할 때, 주인의 부인이 두 번 악수한다는 것을 의미한다. 따라서 기본수 $x=2$에 대하여 $P(x)=x$임을 보였다.

이제 2의 경우를 증명해 보자. 여기서 만약 '$x=n$일 때 정리가 성립하면, $n$의 어떤 값에 대해서도 $x=n+1$일 때 정리가 성립한다'는 것을 증명하게 되면, $P(2)=2$가 성립하는 것은 $P(3)=3$임을 의미하며, 이것은 차례대로 $P(4)=4$, $P(5)=5$, …라는 것을 의미한다. 따라서 어떤 부부도 자신의 배우자와 악수를 하지 않고, 모든 사람이 주인에게 악수의 횟수를 다르게 말하는 조건을 만족하면 임의의 $x$에 대하여, $P(x)=x$이다.

한편 정리의 규칙에 따라 악수할 때, $x$쌍의 부부와 주인의 부인, 즉 $(2x+1)$명의 사람들이 서로 악수를 하는 최대 횟수는 $2x$이다. 그것은 주인을 포함하여 파티에 참석한 $(2x+2)$명 중에서 최대 횟수만큼 악수하는 사람은 자기 자신과 자신의 배우자를 제외한 나머지 $2x$명의 사람과 한 번씩 악수를 하기 때문이다. 따라서 악수의 횟수에 대하여 질문을 받은 $(2x+1)$명의 사람들은 각각 0에서 $2x$ 사이의 수로 답변을 하게 된다. 또 앞에서 밝힌 대로 $2x$번 악수를 하는 사람의 배우자는 악수를 0번 하게 된다.

이번에는 $(n+1)$쌍의 부부가 초대를 받았다고 하자. 이때 주인을 포함하여 파티에 참석한 사람은 모두 $(2n+4)$명으로, 주인을 제외한 $(2n+3)$명의 사람이 하는 악수의 최대 횟수는 $2\times(n+1)=2n+2$이다. 주인은 자신의 부인과 $(2n+2)$명의 손님들(모두 $(2n+3)$명)에게 그들이 몇 번의 악수를 했는지 묻고, 각자 0에서 $2n+2$ 사이에 있는 수로 서로 다른 답변을 한다. 이 파티에 참석한 X씨가 최대 횟수만큼 악수를 했다고 생각해 보자. 그러면 그의 부인은 0번 악수를 하게 된다.

이때 식사를 마친 X씨와 그 부인이 악수를 하기 직전에 마치 마법이라도 걸린 듯 사라졌다고 하자. 그러면 파티에 참석한 모든 사람은 그들이 X씨 부부가 사라지기 전에 악수를 했을 때보다 1만큼 적은 횟수의 악수를 할 것이다. 그것은 X씨가 모든 사람과 악수를 했던 반면 그 부인은 어느 누구하고도 악수를 하지 않았기 때문이다. X씨 부부가 사라졌기 때문에, 이 저녁 식사에는 $n$쌍의 부부가 초대받은 셈이 된다. 이때 가정에 의해, $n$쌍의 부부가 참석한 저녁 식사에서 규칙에 따라 악수를 할 때 주인의 배우자는 $n$번의 악수를 하게 된다. 만약 이것이 X씨 부부가 사라지기 전에 그녀가 악수한 횟수보다 1이 적으면, $(n+1)$쌍의 부부가 있을 경우, 그녀는 $(n+1)$번의 악수를 할 것이다. 즉 다음과 같다.

$$P(n+1)-1=P(n)$$

따라서 $P(n)=n$이면 $P(n+1)=n+1$이 된다.

이렇게 증명이 끝났다.

# 수박을 거래하면서 생긴 일

"라비, 천천히 먹어. 목이 메잖아."

라비가 저녁으로 미트로프[*]와 완두콩을 한입에 가득 넣는 것을 본 그의 어머니가 걱정스러운 투로 이야기했다. 라비는 외출하기 위해 서두르고 있었다.

"오늘 밤 컴퓨터 동호회에서 올해의 첫 번째 모임을 갖기로 했어요."

라비가 입안에 가득 든 미트로프를 씹으면서 말했다.

라비의 어머니는 어깨를 으쓱거리고 한숨을 내쉰 뒤 식탁에서 무언가를 읽고 있는 남편 쪽으로 몸을 돌리며 물었다.

"여보, 내일 당신이 맡은 일은 어때요?"

"내일 재판은 매우 수월한 거예요."

라비의 아버지가 읽고 있던 사건 보고서에서 눈을 떼고 올려다보면서 말했다. 라비의 아버지는 일리노이 주에 있는 쿡 카운티의

---

[*] 곱게 다진 고기, 야채 등을 섞어 빵 모양으로 만든 뒤 구운 요리

지방 검사이다.

"내일은 재판이 한 건밖에 없는데, 너무 명백한 사건이라 오후에 빨리 끝날 거예요."

아버지가 라비를 쳐다보며 말했다.

"아들, 아마도 너에게는 이 사건이 흥미로울 거야. 네가 좋아하는 과일과 관련이 있거든."

"아빠, 누군가 수박을 가지고 범죄를 저질렀나요?"

미소를 지으며 라비가 물었다.

"아니, 그렇지 않아. 가난한 수박 농부가 돈을 사취당한 사기 사건이야. 그래서 그 절도범에게 절도죄로 소송을 제기하는 중이야."

"흥미로운데요. 그 수박 농부가 어떻게 사기를 당했는데요?"

"농부는 루이지애나에 사는 딤스데일 씨야. 그는 여기 시카고의 에이맥스 식료잡화상과 거래하고 있는데, 그동안 이 잡화상은 농부의 수박을 지역 채소 가게들에 팔아 그 판매 금액을 그에게 보내 주었어. 그 대신 딤스데일 씨는 파운드당 7센트로 계산한 판매 수당을 이 잡화상에 지불해 왔다고 하더군. 지난달에도 잘 익은 수박을 2개의 커다란 컨테이너에 가득 담아 미시시피 강을 거슬러 올라가는 바지선에 실어서 에이맥스 잡화상으로 보냈대. 그 바지선 선장으로부터 배에 실은 물건의 목록을 받아서 확인해 보니 사실이더군. 또 딤스데일 씨가 10,000파운드(약 4.5톤)의 수박을 실어 보냈다고 주장하고 있어서 마찬가지로 루이지애나 항구의 부서 담당자에게 바지선에 실었던 수박의 무게를 확인해 보니 그 말도 사실이었어. 딤스데일 씨는 수박을 보냈던 당시 수박 도매가격이 파운드당 83센트였기 때문에, 에이맥스로부터 $8300.00*를 받을 것으로 기대하고 있었다더군. 그래서 그는 판매 수당으로 $700.00의 수표를 끊어서 에이맥스 잡화상으로 미리 보냈다는 거야. 그리고 에이맥스 잡화상은 8월 12일 그 수박을 받아 지역 채소 가게들에 팔았는데, 수박이 다 팔려나간 후 딤스데일 씨에게 $4140.04를 보내준 거야. 그런데 에이맥스 잡화상에서는 그들이 각 채소 가게에 판매한 수박의 무게를 전혀 기록해 놓지 않았더라고. 그러면서 영업부장은 그들이 판매하고 받은 돈 전부를 정확히 딤스데일 씨에게 주었다고 주장하고 있어."

"흠."

라비가 중얼거렸다.

"그리고 뻔뻔스럽게도 바지선에 실은 수박이 미시시피 강을 거슬러 올라갈 때 햇볕을 받아 수분이 빠져나갔다고 말하고 있어. 다행히 에이맥스는 그 수박들 중 미처 팔지 못한 수박 한 개를 가지고 있어서 비행기로 보내달라고 했어. 딤스데일 씨에게 밭에서 바로 딴 수박도 보내달라고 해서 두 개의 수박에 들어 있는 물의 양을 과학수사 연구소에서 분석한 상태야."

---

* 달러는 100센트이며, 50달러 50센트는 $50, 50와 같이 표기한다

아버지가 계속 말을 이었다.

"아빠, 그 수박은 확실하게 수분이 빠져나갔나요?"

라비가 여전히 미트로프를 먹는 일에 집중하면서 물었다.

"이것이 바로 그 분석 기록이야. 그 수박은 매우 적은 양의 수분이 빠져나간 걸로 되어 있어. 에이맥스 잡화상에서 보내온 수박은 무게가 12파운드이고 수분이 수박 무게의 98%를 차지하는 레드 타이거 수박이야. 딤스데일 씨가 재배지에서 보내온 수박은 같은 종류의 수박이지만 수분이 수박 무게의 99%를 차지하고 있었어. 이것은 명백한 사기 사건이야. 나는 에이맥스 잡화상의 꼼꼼하지 않은 기록 때문에 가난한 수박 농부가 사취당하지 않도록 할 거야."

라비는 식사를 끝낸 후 일어서서 문을 향해 걸어가며 말했다.

"안녕 엄마, 안녕 아빠."

그리고는 문손잡이를 잡고 아버지에게 몸을 돌리며 말했다.

"그런데 아빠, 제가 아빠라면 그 사건을 다시 생각하겠어요."

**라비는 아버지에게 왜 그렇게 말했을까?**

수박은 수분이 중량의 99%를 차지하고 있기 때문에 붙은 이름이다.

10,000파운드의 수박을 여러 시간 동안 햇볕에 노출하여 수분이 빠져나갔다. 그래서 수분이 수박 무게의 98%를 차지하고 있다고 가정해 보자. 이 때 이 수박의 무게는 얼마일까?

# 사건 해결

대부분의 사람들은 이런 문제를 접하면 다음과 같이 해결한다.

막 따낸 수박은 수분이 수박 무게의 99%를 차지하지만, 수분이 햇볕에 의해 어느 정도 날아간 현재는 수박 무게의 98%를 차지한다. 따라서 수박의 무게는 $10,000 \times \dfrac{98}{99} = 9898.99$이고, 결국 101파운드의 수분이 빠져나간 셈이다.

그러나 이것은 옳은 풀이법이 아니다. 그것은 백분율이 수분이 빠져나가면서 달라진 수박의 무게와 관련이 있다는 사실을 무시하고 있기 때문이다. 하지만 이때의 수박 무게는 알 수 없다. 그러므로 사건 분석에서 설정한 문제는 다음과 같이 풀어야 한다.

수박에 들어 있는 수분이 수박 무게의 99%를 차지한다면, 1%는 씨나 당분, 껍질 등의 고형물에 해당한다. 따라서 처음 수박 무게인 10,000파운드에 대하여 고형물의 무게는 $0.01 \times 10,000 = 100$파운드이다. 그런데 수분이 빠져나간 후 수박에 들어 있는 수분은 달라진 수박 무게 $w$의 98%로 그 양이 달라졌지만, 고형물의 무게는 변함이 없다. 이때 고형물의 무게는 $w$의 2%이다.

$$0.02 \times w = 100\text{파운드}$$
$$w = 5{,}000\text{파운드}$$

놀랍게도 수박은 처음 무게의 50%를 잃어버리게 된다.

그러므로 잡화상은 수박 농부인 딤스데일 씨에게 실제로 그가 기대하고 있던 $8300.00의 50%, 즉 $4150.00만을 지불하면 된다. 이때 팔지 못한 12파운드의 수박 1개 값을 계산하여 빼면 다음과 같다.

$$12\text{파운드} \times (\text{파운드당 } 83\text{센트}) = 996\text{센트} = \$9.96$$
$$\$4150.00 - \$9.96 = \$4140.04$$

따라서 딤스데일 씨는 잡화상으로부터 수박값을 정확히 받았던 것이다!

# 그랜드캐니언의 흰머리 독수리 가족

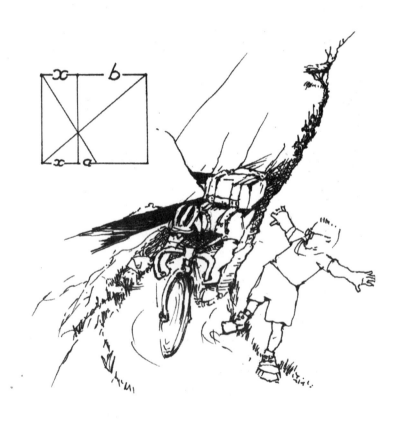

라비는 짙은 어둠 속에서 눈을 부릅뜨고 주변을 살펴보고 있었다. 그는 그랜드캐니언의 동쪽 경계를 따라 나 있는 편도 1차선의 포장도로를 달리는 차 안에 앉아 아쉔우드 캠프장 방향으로 들어가는 좁은 비포장도로를 찾고 있었다.

　라비의 가족은 여러 시간 동안 자동차로 이동하여 오늘 밤에는 캠프장에서 묵기로 했다. 그런데 캠프장까지 가는 데 예상했던 것보다 훨씬 더 많은 시간이 걸렸다. 벌써 새벽 2시가 거의 다 되어가고 있었고 라비의 아버지는 잠과 싸우는 중이었다. 언뜻 보기에 잠이 승리하기 시작하는 듯했다.

　"저기예요! 아빠, 우회전하세요."

　라비가 큰 소리로 외쳤다.

　라비의 가족을 태운 스포츠 레저차량이 우회전하여 비포장도로로 들어선 다음에는 속도를 낮추고 서행했다. 정말이지 전조등을 올려 아무리 멀리 비추어도 이렇게 짙은 어둠 속에서는 앞이 거의 보이지 않았다. 도시에 있을 때는 달이 뜨지 않은 밤에 황무

지가 얼마나 어두운지를 상상하기가 어렵다.

가족을 태운 차는 작은 오두막의 입구에서 비추는 희미한 불빛을 발견할 때까지 계속 달렸다.

"저기예요, 아빠."

라비가 가리켰다.

"여기가 맞는 것 같아요."

라비의 아버지가 오두막 앞에 차를 세우며 겨우 고개를 끄덕였다. 라비의 어머니는 이미 차의 뒷좌석에서 깊은 잠에 빠져 있었다. 라비와 아버지는 오두막으로 걸어 올라가 문을 두드렸다. 문이 열리고 회색 유니폼을 입은 남자가 어스레한 불빛 아래로 걸어 나와 물었다. 순찰 경비대원이었다.

"무엇을 도와드릴까요?"

라비의 아버지는 야영을 위해 이곳에 예약을 해 두었다는 것과 내일 도보여행을 할 예정임을 알리고 가족 명단을 제출했다. 그랜드캐니언에서의 도보여행을 계획하고 있다면 누구나 그 전날 밤까지 순찰 경비대원에게 명단을 제출해야 한다. 만약의 상황에 대비해 길을 잃어버렸을 때 수색과 구조를 하기 위해서이다. 비수기에는 순찰 경비대원이 밤에만 캠프장에서 근무를 했다. 경비대원의 수당이 줄어들긴 하지만, 국립공원 관리과에서는 이렇게 하는 것이 야영하는 사람들의 안전을 위해 필요하다고 생각했기 때문이다. 매년 이맘때쯤이면 캠프장에는 사람이 거의 없었다. 실제로 캠프장에는 자전거 레이스 대회를 대비하여 연습하는 사람만 있었다. 그들은 그랜드캐니언의 북쪽에 위치한 아쉔우드 캠프장과 남쪽에 위치한 브람블우드 캠프장이 연결된 오솔길을 따라 걷거나 자전거를 탄다.

다음 날 아침, 라비는 얼굴에 내리쬐는 햇볕 때문에 잠이 깼다. 꽤 오랫동안 잠을 잤다는 생각이 들자 재빨리 시계를 봤다.

'벌써 11시 20분이야. 이렇게까지 늦잠을 잔 적이 없었는데'

라비는 곤한 잠에 빠져 있던 부모님을 깨웠다. 도보여행을 빨리 떠나고 싶었기 때문이다. 중요한 일정을 앞두고 너무 늦게까지 잠에 빠져 있었던 것이 분명하다. 라비의 부모님은 그랜드캐니언을 보고 캠프장에서 가까운 거리의 오솔길을 탐험하는 것만으로도 만족해 할 것이다. 게다가 오솔길로 출발하기 전에 아침 식사를 해야 한다고 주장하기까지 했다. 사실은 점심이었지만 말이다. 그것은 휴대용 스토브를 설치하는 것(그리고 시간이 지연된다는 것)을 의미했다.

"글쎄, 적어도 흰머리 독수리는 보게 될 거라고요."

도보여행가를 위한 안내 책자에 따르면 오솔길을 따라 수백 야드만 가면 흰머리 독수리의 둥지가 있다고 했다. 특히 지금은 독수리가 부화할 알을 낳은 지 얼마되지 않았기 때문에 가장 흥미를 끄는 일이기도 했다. 희귀종을 볼 아주 좋은 기회임에 틀림없다. 그것도 둥지에 알이 있는 특별한 시기에 말이다.

오후 2시 15분이 되었다. 마침내 라비와 그의 부모님은 아쉔우드 캠프장에서 브람블우드 캠프장으로 향하는 오솔길 위를 걸어가기 시작했다. 라비는 흰머리 독수리 둥지의 위치가 표시된 지도를 따라가려고 애썼다. 둥지는 길에 인접한 울퉁불퉁하고 험한 바위 벽 구석진 안쪽에 있을 것이다.

라비가 구부러진 길을 돌자마자 "조심하세요!"하고 누군가가 크게 외치는 소리가 들려왔다. 라비는 바로 뒤로 물러섰다. 그렇지 않았으면 산악용 자전거를 탄 남자와 부딪혔을 것이다.

라비가 재빨리 피하자 남자가 빠른 속도로 옆을 지나쳐 갔다. 라비는 그 남자가 등에 큰 배낭을 메고 어떻게 그렇게 빠른 속도로 자전거를 탈 수 있는지 놀라울 뿐이었다.

"이봐요!"

라비의 아버지가 그 남자를 향해 소리를 질렀지만 아무런 대답이 없었다.

"둥지가 있는 방향에 대해 물어보려고 했는데."

라비의 아버지가 실망한 듯이 말했다.

라비의 가족은 계속 걸어갔다. 그들이 길을 따라 아래로 수백 피트쯤 내려갔을 때 바위 벽 사이에서 독수리 둥지를 발견했다. 둥지는 약 30피트(약 9미터) 위의 구석진 곳 안쪽에 있었다. 하지만 독수리는 보이지 않았다.

"너무하는군."

라비의 어머니가 말했다.

"독수리가 멀리 날아갔나 봐."

"아니에요, 엄마. 그럴 리가 없어요."

라비가 말했다.

"독수리는 이렇게 중요한 시기에 알을 그냥 놓아두지 않아요."

라비는 뾰족뾰족 튀어나온 암석을 따라 조심스럽게 발 디딜 곳을 찾으면서 암벽을 오르기 시작했다.

"라비, 내려와."

라비의 어머니가 애원하듯이 말했다.

그러나 라비는 둥지가 있는 곳까지 올라가 그 안을 자세히 살펴보았다.

"독수리 가족이 사라졌어요!"

라비가 큰 소리로 말하면서 조심스럽게 암벽을 타고 내려왔다.

"알도 없어졌어요!"

그날 저녁 순찰 경비대원이 근무하러 왔을 때, 라비와 그의 부모님은 독수리 가족 절도 사건을 신고했다. 순찰 경비대원이 깜짝 놀라며 즉시 국립공원 관리과에 전화했다.

다음 날 아침, 워싱턴 D.C.에서 밤새도록 비행기를 타고 온 연방정부 직원 2명이 캠프장에 도착했다. 그 직원들은 라비와 그의 부모님, 순찰 경비대원인 스틴슨 씨를 불러 모았다. 스틴슨은 라비 가족이 캠프장에 온 날 밤 근무했던 순찰 경비대원이었다. 그 외 다른 사람들은 독수리 가족을 도둑 맞던 날 그 길 위를 지나갔 던 존 에버와 워드 톰슨이었다. 이들은 아쉔우드 캠프장과 브람 블우드 캠프장의 오두막에 비치되어 있는 순찰 경비대원의 업무 일지에 기록된 사람들이었다.

연방정부 직원들은 라비가 언제, 어떻게 빈 둥지를 발견하게 되 었는지를 자세히 물었다. 그들은 어둠 속에서는 어느 누구도 암 벽에 오를 수 없기 때문에 해가 뜬 직후에 독수리 가족이 도둑을 맞았다고 추측했다.

"에버 씨, 당신은 길에서 무엇을 하고 있었죠?"

직원 중 한 사람이 물었다.

"나는 곧 열릴 레이스에 대비하여 훈련을 하고 있었어요. 우리 둘 다요"

그가 말했다. 그는 두 곳의 캠프장에 자전거를 타는 사람으로 기록되어 있다고 했다.

"우리는 그랜드캐니언의 경사가 심한 길을 타고 있었어요. 나 는 동틀 녘에 브람블우드 캠프장을 출발하여 아쉔우드 캠프장으 로 가는 길을 따라갔어요."

"당신이 아쉔우드 캠프장에 도착한 시간은 몇 시죠?"

직원이 물었다.

"오후 2시 30분에 도착했어요"

"맞아요"

에버 씨의 대답에 라비가 말했다.

"그는 대략 2시 25분에 길에서 저희를 지나쳐 갔어요. 저와 거의 부딪힐 뻔했거든요."

"당신에게 신호를 보내 멈추게 하려고 했어요. 하지만 당신은 굉장히 서두르는 것 같더군요."

라비의 아버지가 에버 씨가 등에 메고 있던 큰 배낭을 떠올리면서 말했다.

"훈련은 정확하게 일정한 속도로 자전거를 타거나 또는 경사가 심한 그랜드캐니언의 길을 오르내리는 파워워킹*으로 이루어져 있어요. 그래서 당신과 이야기하기 위해 멈출 수가 없었어요."

에버 씨가 그의 태코미터**를 가리키면서 대답했다.

"우리가 조사한 바에 따르면 에버씨는 새를 굉장히 좋아하더군요."

다른 연방정부 직원이 말했다.

"이봐요, 말했잖아요. 나는 여기서 훈련 중이라고!"

---

* 걷기의 한 종류, 보통 1시간에 6.4~8㎞의 속도로 걸으며, 달리기보다 운동효과가 커진다. 준비운동이 필수이며 걷고 난 후에는 정리운동을 해야 한다. 또 걸을 때는 보폭을 넓게 하기보다는 속도를 높이는 게 중요하고 일정한 속도를 유지해야 한다.

** 회전하는 물체의 회전속도를 측량하는 계기 즉 회전속도계를 말한다. 이것을 자동차에 부착하면 자동적으로 주행속도가 계측되며 경보기를 달면 제한속도를 초과했을 때 경고등이 꺼지고 버저가 울려 과속운전을 방지한다

에버 씨가 흥분하면서 말을 이었다.

"브람블우드 캠프장의 자전거 타는 사람들 모두가 내가 동틀 녘에 떠나는 것을 봤다구요. 우리 코치가 제가 일정한 속도를 유지하는지 확인하기 위해 GPS 시스템으로 내 속도를 추적하고 있었어요. 그리고 아셴우드 캠프장의 자전거 타는 사람들 역시 내가 오후 2시 30분에 도착하는 것을 봤어요. 오전 11시 정각에는 오솔길에서 훈련 중인 워드 톰슨을 만나 지나쳤고요."

"톰슨 씨, 사실인가요? 당신은 반대로 아셴우드 캠프장에서 브람블우드 캠프장으로 걸어가고 있었잖아요"

직원 중 한 사람이 물었다.

"단순히 걷는 것이 아닌 파워워킹이라고요!"

워드 톰슨이 정말 화가 난 목소리로 말했다.

"우리는 햄스트링 근육을 강화시키기 위해 파워워킹과 자전거 타기를 번갈아가며 훈련하고 있어요. 나는 동틀 녘에 아셴우드 캠프장을 출발하여 파워워킹을 시작했어요. 오전 11시 정각에 길에서 에버 씨를 지나쳤고요. 정말 지옥 같은 하루였어요. 오후 9시 30분에 브람블우드 캠프장에 도착했거든요."

"당신은 온종일 걸었나요?"

라비의 어머니가 관심을 보이며 물었다.

"물론이에요. 우리는 체력을 다지기 위해 일정한 속도를 유지하며 그랜드캐니언을 오르락내리락해야 해요"

톰슨 씨가 자신의 일을 자랑스러워하면서 대답했다.

직원 중 한 명이 순찰 경비대원 스틴슨 씨를 라비 옆으로 데리고 왔다. 그는 기대듯이 다가가서 속삭였다.

"스틴슨 씨, 무엇이든지 본 거 없어요? 야간근무였잖아요"

"아니요. 죄송하지만 아무것도 보지 못했어요"

순찰 경비대원 스틴슨이 속삭였다.

"실은 조금 빨리 자리를 떴거든요. 새벽 5시 20분경, 해가 뜨기 조금 전 아직 어둑어둑할 때 운전을 하고 갔어요."

"여하튼 우리 추측으로는 흰머리 독수리와 알들이 제법 값어치가 높아 당신들 두 신사분 중 한 사람이 훔친 것 같아요."

다른 연방정부 직원이 에버 씨에 이어 톰슨 씨를 쳐다보며 말했다.

"지금, 자백하고 싶은 사람은 없어요?"

라비는 에버 씨와 톰슨 씨의 심문을 들으면서 흙 위에 낙서를 하다가 말했다.

"두 사람은 훔치지 않았어요. 범인은 바로……"

**라비가 범인으로 지목한 사람은 누구일까? 그리고 그 이유는 무엇일까?**

# 사건 분석

종종 범죄자는 이야기하는 과정에 모순을 보임으로써 자신의 정체를 드러내곤 한다. 라비가 사건 전체에 대하여 확실하다고 생각한 것은 다음과 같다.

1. 동트기 전에 독수리 가족을 도둑맞았을 리가 없다. 그리고 독수리 둥지는 오솔길과 연결된 아쉔우드 캠프장의 입구에서 단지 몇 분 거리에 있다.

2. 워드 톰슨은 동틀 녘에 아쉔우드 캠프장(이 지점을 A라고 하자)을 떠났으며, 일정한 속도로 걷는 파워워킹으로 브람블우드 캠프장(이 지점을 B라고 하자)을 향해 갔다. 그는 오후 9시 30분에 도착했다.

3. 존 에버는 동틀 녘에 브람블우드 캠프장을 떠나 아쉔우드 캠프장을 향해 일정한 속도로 자전거를 타고 갔다. 그는 오후 2시 30분에 도착했다.

4. 톰슨 씨와 에버 씨는 오전 11시에 길에서 서로 만났다.

여기서 라비가 해결하고자 했던 문제는 다음과 같다.

한 사람이 동틀 녘에 A를 떠나 일정한 속도(정확히 알 수 없는)로 B를 향해 떠난다. 그는 오후 9시 30분에 B에 도착한다. 두 번째 사람은 동틀 녘에 B를 떠나 다른 일정한 속도(역시 정확히 알 수 없는)로 A를 향해 떠난다. 그는 오후 2시 30분에 A에 도착한다. 두 사람은 오전 11시에 길에서 만난다. 몇 시에 해가 떴을까?

만약 여러분이 이 문제를 풀 수 있다면, 여러분은 라비가 했던 대로 이 사건을 해결하게 될 것이다.

# 사건 해결

일반적으로 사건을 해결하는 과정은 다음의 두 가지 부분으로 이루어진다 : 해결을 위해 필요한 문제를 설정하고, 그런 다음 실제로 그 문제를 해결하는 것이다. 이 사건에서는 두 가지 모두 쉽지 않다. 얼핏 보기에는 문제를 해결하기 위한 정보가 충분치 않아 보인다.

그러나 라비는 사건 분석에서 정리한 사건 관련 사실들을 자세히 검토한 결과 이 문제를 수와 식을 사용하여 해결할 수는 없지만 약간의 기하학적 지식이 있으면 해결이 가능하다는 것을 알게 되었다. 그가 흙 위에 나뭇가지로 했던 낙서는 사실 오른쪽 그림과 같이 톰슨 씨와 에버 씨에 대한 시간-거리 그래프를 그리고 있었던 것이다.

그림에서 $x$축은 시간을 나타내며 원점(점 A)은 동이 트는 순간을 가리킨다. $y$축은 아쉔우드 캠프장에서 브람블우드 캠프장까지의 거리를 나타낸다. 이때 점 A는 동틀 녘의 아쉔우드 캠프장(원점)을 가리키며, 점 B는 동틀 녘의 브람블우드 캠프장을 가리킨

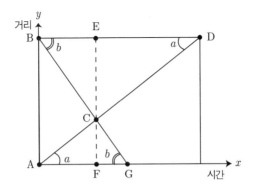

다. 톰슨 씨는 점 A에서 출발하여 $\overline{AD}$를 따라 이동하고(점 D의 $y$ 좌표는 B이고, $x$좌표는 오후 9시 30분이다), 에버 씨는 점 B에서 출발하여 $\overline{BG}$를 따라 이동한다(점 G는 오후 2시 30분의 아셴우드 캠프장을 가리킨다). 두 사람은 점 C에서 만나며, 그때의 시간 좌표는 오전 11시이다. 이것은 점 E, 점 F에서와 같은 시간을 나타낸다. $\overline{FG}$의 길이는 에버 씨가 점 A에 도착한 시간인 오후 2시 30분과 두 사람이 길 위에서 만난 시간인 오전 11시 사이의 간격으로 3시간 30분이다. 마찬가지로 $\overline{ED}$의 길이는 10시간 30분이다. 이때 동이 튼 시간을 알기 위해서는 $\overline{AF}$(또는 $\overline{BE}$)의 길이를 구하면 된다.

그림에서 ∠DAG와 ∠BDA는 서로 엇각이므로 그 크기가 같다. 이 각의 크기를 $a$라 하자. 마찬가지로 ∠DBG와 ∠BGA 또한 서로 엇각이므로 크기가 같다. 이 각의 크기를 $b$라 하자. 그러면, 다음과 같이 된다.

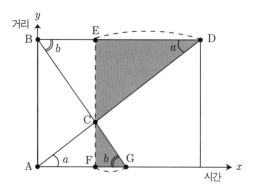

$$\tan a = \frac{\overline{\text{CE}}}{\overline{\text{ED}}} = \frac{\overline{\text{CF}}}{\overline{\text{AF}}} \quad (1)$$

$$\tan b = \frac{\overline{\text{CE}}}{\overline{\text{BE}}} = \frac{\overline{\text{CF}}}{\overline{\text{FG}}} \quad (2)$$

(1)의 식은 다음과 같이 쓸 수 있다.

$$\frac{\overline{\text{CE}}}{\overline{\text{CF}}} = \frac{\overline{\text{ED}}}{\overline{\text{AF}}}$$

마찬가지로, (2)의 식 역시 다음과 같이 쓸 수 있다.

$$\frac{\overline{\text{CE}}}{\overline{\text{CF}}} = \frac{\overline{\text{BE}}}{\overline{\text{FG}}}$$

위의 두 식은 좌변이 같으므로 다시 다음과 같이 나타낸다.

$$\frac{\overline{\text{BE}}}{\overline{\text{FG}}} = \frac{\overline{\text{CE}}}{\overline{\text{CF}}} = \frac{\overline{\text{ED}}}{\overline{\text{AF}}}$$

다시 이 식을 간단히 나타내면 다음과 같다.

$$\frac{\overline{BE}}{\overline{FG}} = \frac{\overline{ED}}{\overline{AF}}$$

한편, 그림에서 $\overline{BE} = \overline{AF}$이므로 위의 식을 다음과 같이 나타낼 수 있다.

$$\overline{BE} \times \overline{AF} = \overline{FG} \times \overline{ED}$$

$$\overline{AF} \times \overline{AF} = \overline{AF}^2 = \overline{FG} \times \overline{ED}$$

이때 $\overline{FG} = 3.5$시간, $\overline{ED} = 10.5$시간이므로 식에 대입하여 $\overline{AF}$의 길이를 구한다.

$$\overline{AF}^2 = 3.5(\text{시간}) \times 10.5(\text{시간})$$

$$\overline{AF} = 6.06(\text{시간})$$

이것은 6시간 3.6분으로 대략 6시간 4분과 같다. 그러므로 해는 오전 11시보다 6시간 4분 빠른, 4시 56분에 떴다.

순찰 경비대원 스틴슨이 거짓말을 한 것이 분명해졌다. 그 거짓말이란 바로 동트기 전 새벽 5시 20분에 캠프장을 떠났다고 이야기한 것이다. 5시 20분은 동이 튼 후 약 24분이 지난 시간이었다. 이 시간이면 그가 둥지로 가서 암벽을 타고 올라가 독수리와 알들을 훔칠 수 있는 충분한 시간이다.

그가 거짓말을 한 이유는 분명치 않다. 아마도 그는 당황한 나머지 거짓말하는 실수를 저질렀을 수도 있고, 워싱턴 D. C.에서 온 직원들과 늦게 일어난 라비의 가족들이 동이 트는 정확한 시간을 파악하지 못할 것이라고 생각했을 수도 있다. 또 그가 연방 직원과 이야기할 때 에버 씨와 톰슨 씨에게 들리지 않게 속삭였기 때문에, 그 거짓말이 탄로 나지 않을 것이며 용의자에서 제외될 것이라고 생각했을 것이다.

스틴슨의 말은 거의 옳았다. 라비가 흙 위에 낙서만 하지 않았다면 말이다!

# 농구 선수들의 조편성 속임수

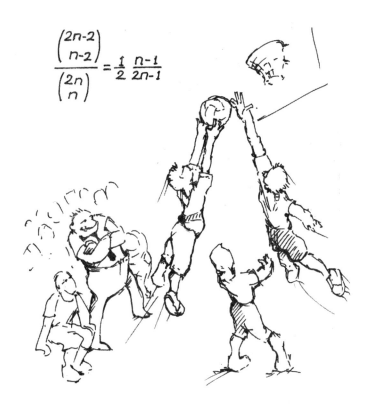

$$\frac{\binom{2n-2}{n-2}}{\binom{2n}{n}} = \frac{1}{2}\frac{n-1}{2n-1}$$

땀으로 흠뻑 젖은 채 라비는 관중들의 함성을 의식하지 않고 농구대 밑 사다리꼴 지역의 끝까지 볼을 드리블해 갔다. 라비는 교내 농구팀 윌몬트 메이버릭스의 포인트가드였다. 이 시합은 시즌 마지막 게임으로 4쿼터의 거의 막바지였다. 메이버릭스팀은 그린빌 로켓팀과의 시합에서 50대 49로 지고 있었다.

　메이버릭스팀의 센터인 팻 터클이 사다리꼴 지역의 끝까지 나왔다. 순간 라비는 시계를 보았다. 남은 시간은 20초! 그는 왼쪽으로 공을 던지는 듯하다가 높이 원을 그리면서 팻에게 던졌다. 공이 팻의 오른쪽을 지나 코트 경계선 바로 안에 떨어지는 것을 팻이 오른손을 뻗어 잡았다. 라비가 팻에게 공을 패스하자 그를 방어하고 있던 선수가 뒤로 처졌다. 팻이 재빨리 뒤로 라비에게 공을 패스했다. 이제는 공을 패스할 상황이 아닌 바구니에 던져야 할 시간이다. 라비가 공을 위로 드는가 싶더니 바구니를 향해 던졌다. 그런데 갑자기 어디에선가 로켓팀의 뛰어난 포워드인 테드 존스가 나타나 "그럴 순 없지!"라고 소리를 지르며 철썩하는 소리가 날 정도로 라비가 든 공을 탁 쳐 냈다. 순간 관중들의 신음 소리가 들렸다. 로켓팀이 다시 공을 잡고 달려가 2초를 남겨 놓고 득점했다. 마지막 스코어는 로켓팀이 52점, 메이버릭스팀이 49점이었다.

물론, 로켓팀이 1부 리그에서 승리하리라는 것은 의심할 여지가 없었다. 그들은 리그에서 단연 최고의 기록을 세우고 있었다. 메이버릭스팀이 2위이고, 1부 리그 타이틀을 거머쥐지 못한다고 하더라도, 라비는 시즌의 마지막 게임에서 로켓팀을 이기고 싶었다. 그러나 1부 리그에서 뛰는 선수라면 누구나 로켓팀에 소속된 스타 센터인 존스와 사도우스키가 처음부터 맞겨룰 수 없을 만큼 그 실력이 탁월하다는 것을 알고 있었다. 라비는 상대 학교와 4번의 게임을 치르는 리그전에 참가하고 있었다. 각 학교를 대표하는 농구팀은 10명의 선수들로 구성되어 있으며 리그전을 시작하기 전에 각 학교 코치는 무작위로 5명씩 선수들을 나누어 두 팀 A와 B로 배치한다. 그런 다음 이들 두 팀은 상대 학교에서 구성한 두 팀과 모두 4번의 게임을 치르는 리그전을 시작한다. 이 4번의 게임 중 먼저 3번 이상 이기면 그 학교는 리그전의 승자가 되며, 2-2이면 무승부가 된다.

올해, 로켓팀에는 뛰어난 선수들이 많았다. 그중에서도 특히 테드 존스와 마이클 사도우스키는 다른 선수에 비해 매우 뛰어났다. 이 두 선수가 한 팀에 편성될 경우에는 어떤 경기에서도 반드시 이겼으며 모든 시즌을 한 번도 놓치지 않았다! 그리고 올해는 로켓팀에게는 행운의 해였다. 존스와 사도우스키가 같은 팀에 함께 편성되는 경우가 많았기 때문이다. 다른 팀에서 온 부모님들이 로켓팀 코치인 존 드루스키에게 투덜거릴 때면, 그는 어깨를 으쓱거리며 말했다.

"그들은 둘이기보다는 한 사람 같아 떼어놓으려고 해도 한 팀이 되곤 했어요. 어쨌든, 잘했다기보다는 운이 좋았지요. 올해 우리는 운도, 실력도 좋았던 셈이죠!"

관중이 흩어져 나가자, 체육관은 거의 텅 비다시피 했다. 로켓팀도 저녁 식사를 위해 나갔다. 라비는 시상식이 열리는 오후 7시까지 2시간 정도를 학교에서 보내기로 했다. 자전거를 타고 집에 갔다가 다시 오기보다는 제12회 미국 수학 경시대회를 대비하기 위해 몇 문제라도 풀고 싶었다. 긴 시간은 아니지만 이렇게 조용한 분위기는 수학 문제를 풀기에 안성맞춤이었다.

라비는 리그 우승팀 트로피가 놓인 경기 진행 테이블 앞을 지나 체육관 입구로 걸어갔다. 테이블 위에 놓여 있는 트로피에는 벌써 그린빌 로켓팀이라는 글씨가 새겨져 있었다. 테이블 위에서 이번 시즌의 게임 통계표를 보게 된 라비는 잠시 멈춰 서서 훑어보기 시작했다. 로켓팀의 기록은 확실히 인상적이었다. 그들은 올해 다른 팀을 상대로 한 20번의 리그전에서 17번이나 이겼다.

라비는 팀 선수 명부를 보다가 20번의 리그전에서 존스와 사도우스키가 14번이나 같은 팀에 편성되었다는 것을 알게 되었다. 체육관을 나온 라비는 도서관을 향해 걸어갔다.

"이 시간이면 몇 문제라도 풀 수 있겠어."

오후 7시, 라비는 다시 체육관으로 돌아왔다. 관람석에는 그린빌과 윌몬트의 학생들과 부모님들로 가득 차 있었다. 유니폼을 입은 로켓팀 선수들과 양복으로 갈아입은 드루스키 코치도 보였다. 남서부 지역의 수석코치인 아빈 윌슨 씨가 체육관의 중앙에 설치한 연단 위로 걸어 올라갔다.

"주목해 주세요. 학부모, 학생 여러분, 안녕하세요. 이렇게 또 하나의 시즌이 끝났군요. 지금부터 리그 챔피언 시상을 하겠습니다. 드루스키 코치는 연단으로 올라오시고, 그린빌 로켓팀 선수들은 모두 일어나 트로피 받을 준비를 해 주십시오."

로켓팀 선수들은 부모님들과 학생들의 박수를 받으며 일어섰다. 드루스키 코치가 연단으로 걸어 올라가더니 손을 들어 군중에게 답례한 뒤 소감을 이야기할 준비를 하였다. 그사이에 수석코치 윌슨은 수여할 트로피를 가지러 경기 진행 테이블로 갔다. 라비는 그를 만나기 위하여 테이블 쪽으로 성큼성큼 걸어갔다.

"실례합니다, 윌슨 코치님."

"그래, 젊은 친구. 뭐지?"

윌슨 코치가 대답했다.

"네. 오늘 밤 트로피를 수여해서는 안 됩니다. 제 생각엔 어떤 속임수가 있어요."

물론, 윌슨 코치는 라비의 말을 들으려 하지 않았고 시상식은 예정대로 진행되었다.

식이 끝난 후, 라비는 윌슨 코치에게 도서관에서 계산했던 것을 보여주었다. 결국 공식적으로 조사가 시작되었고, 로켓팀의 부코치는 드루스키 코치와 공모하여 존스와 사도우스키가 같은 팀에 편성되도록 팀 명부를 사전에 조작했다는 것을 인정했다. 로켓팀은 트로피를 내놓게 되었고, 2위인 메이버릭스팀이 새로운 챔피언이 되었다.

챔피언이 된 것에 대해 어떤 축하 행렬이나 시상식도 없었지만, 팀에서는 라비를 '가장 소중한 선수'라고 칭하며 축하해 주었다. 이것은 물론 라비의 농구 기술보다는 수학 실력에 대한 것이었다. 라비가 속임수라고 생각한 이유는 무엇일까?

# 사건 분석

이 사건의 문제는 다음 두 가지로 정리할 수 있다.

1. 로켓팀에 소속된 10명의 선수를 5명씩 나누어 두 팀 A, B를 편성할 때, 존스, 사도우스키와 같은 두 명의 특정 선수가 같은 팀에 배정될 확률은 얼마일까?

2. 1의 답을 기준으로 하여, 20번의 리그전에서 두 특정 선수가 같은 팀에 14번 배정될 확률은 얼마일까?

# 사건 해결

## Part 1

문제를 조금 더 편리하게 생각하기 위해, 선수들에게 1에서 10까지의 번호를 부여하고, 존스와 사도우스키를 각각 선수 9와 선수 10이라 하자. 이때, 이들 10명의 선수를 무작위로 5명씩 나누어 두 팀 A와 B를 만들 경우, 선수 9와 선수 10이 같은 팀에 배정될 확률은 얼마일까?

먼저, 선수들을 두 팀 A와 B로 나누는 방법의 총수를 구해 보기로 하자. 이것은 간단히 말하면 A팀을 구성하기 위하여 10명 중에서 5명의 선수를 뽑는 방법의 수와 같다. 그러면 남아 있는 5명의 선수는 당연히 B팀이 되기 때문이다.

여기에서 보다 간단한 예를 들어 생각해 보기로 하자. 어떤 아이스크림 가게에서 8가지 맛의 아이스크림 중 서로 다른 3가지 맛을 선택하여 만든 바나나 스플릿*을 판매한다고 하자. 이때 고

---

* 바나나를 길게 가르고 그속에 아이스크림 견과류 등을 채운 디저트

객이 이 아이스크림 가게에서 주문할 수 있는 서로 다른 바나나 스플릿은 몇 가지나 될까?

고객이 맨 처음에는 8가지 맛 중 한 가지를 선택하므로 처음에 아이스크림을 선택하는 방법의 수는 8가지이다. 한 가지 맛을 선택하면, 7가지 맛의 아이스크림이 남으며 이 중에서 두 번째 아이스크림을 선택하면 된다. 이것은 곧 두 번째 아이스크림을 선택하는 방법의 수가 7가지라는 것을 의미한다. 마찬가지 방법으로 세 번째 아이스크림을 선택하는 방법의 수는 6가지임을 알 수 있다. 따라서 세 가지 맛의 아이스크림을 순서를 고려하며 고르는 방법의 수는 다음과 같다.

$$8 \times 7 \times 6 = 336$$

하지만 점원에게는 고객이 바닐라-초콜릿-스트로베리 바나나 스플릿을 주문하거나 스트로베리-바닐라-초콜릿 바나나 스플릿을 주문하는 것은 중요하지 않다. 그것은 순서에 상관없이 바나나 위에 올려지는 아이스크림이 모두 같기 때문이다. 즉 점원의 입장에서는 같은 주문을 받은 셈이다. 따라서 위 방법의 수 336가지에는 중복된 주문의 수가 포함되어 있음을 알 수 있다. 그러므로 이 가게에서 만들 수 있는 서로 다른 바나나 스플릿 가짓수를 알기 위해서는 중복된 주문의 수를 빼야 한다. 이를 위해 위의 세 가지 맛의 아이스크림을 각각 C(초콜릿), S(스트로베리), V(바닐라)라 하고, 다음과 같이 순서대로 나열해 보자.

$$C \ S \ V$$

$$C \ V \ S$$

$$S \ C \ V$$

$$S \ V \ C$$

$$V \ C \ S$$

$$V \ S \ C$$

이것으로 보아 세 가지 맛의 아이스크림(C, S, V)을 순서대로 나열하기 위한 서로 다른 방법의 수는 6가지임을 알 수 있다. 바로 앞에서 알아본 방법에 따라 3×2×1=6과 같이 구할 수도 있다. 이때 6명의 고객이 가게에 들어와 위의 6가지 방법으로 바나나 스플릿을 주문한다고 하면 어떨까? 점원의 입장에서는 모두 같은 바나나 스플릿을 주문받은 것에 불과하다! 즉 위의 6가지 방법은 모두 중복된 것이라고 할 수 있다. 그러므로 이 아이스크림 가게에서 고객이 주문할 수 있는 서로 다른 바나나 스플릿의 가짓수는 다음과 같다.

$$\frac{8 \times 7 \times 6}{3 \times 2 \times 1} = \frac{336}{6} = 56$$

한편 $n!=1\times2\times3\times\cdots\times(n-1)\times n$으로, 이와 같은 계산을 할 때는 팩토리얼($!$)을 사용하여 식을 간단히 나타낼 수 있다. 순열 조합론에서, 임의의 $n$개의 물건에 대하여, $n$개의 물건 중에서 순서를 고려하지 않고 $k$개를 선택하기 위한 방법의 수는 $C(n,k)$, ${}_nC_k$ 또는 $\begin{pmatrix} n \\ k \end{pmatrix}$으로 나타낸다.

$$\begin{pmatrix} n \\ k \end{pmatrix} = \frac{n\times(n-1)\times\cdots\times\{n-(k-1)\}}{k\times(k-1)\times\cdots\times3\times2\times1}$$

$$= \frac{[n\times(n-1)\times\cdots\times\{n-(k-1)\}]\cdot[(n-k)\times\{n-(k+1)\}\times\cdots\times3\times2\times1]}{\{k\times(k-1)\times\cdots\times3\times2\times1\}\cdot[(n-k)\times\{n-(k+1)\}\times\cdots\times3\times2\times1]}$$

$$= \frac{n!}{(n-k)!\times k!}$$

따라서 아이스크림 가게에서 8가지 맛 중 3가지 맛의 아이스크림을 선택하여 바나나 스플릿을 만들 때, 서로 다른 세 가지 맛의 아이스크림을 고르는 방법의 수는 $C(8,3)$, ${}_8C_3$ 또는 $\begin{pmatrix} 8 \\ 3 \end{pmatrix}$과 같이 나타내고 다음과 같이 계산한다.

$$\frac{8!}{(8-3)!3!} = \frac{8!}{5!3!} = \frac{8\cdot7\cdot6\cdot\cancel{5}\cdot\cancel{4}\cdot\cancel{3}\cdot\cancel{2}\cdot\cancel{1}}{(\cancel{5}\cdot\cancel{4}\cdot\cancel{3}\cdot\cancel{2}\cdot\cancel{1})(3\cdot2\cdot1)} = 56$$

이제 농구 문제로 되돌아가자. 두 팀 A와 B를 만들기 위한 전체 방법의 수는 다음과 같다.

$$\binom{10}{5} = \frac{10!}{(10-5)!\,5!} = \frac{10!}{5!\,5!} = 252$$

이때는 팀들의 순서를 고려하여 센 것이다. 이를테면, 1~5번의 선수들이 A팀에 편성되고, 6~10번의 선수들이 B팀에 편성된 경우와, 6~10번의 선수들이 A팀에 편성되고 1~5번의 선수들이 B팀에 편성되는 경우를 서로 다른 것으로 센 것이다.

이번에는 9번 선수와 10번 선수가 같은 팀에 편성될 확률을 구해 보자. 이를 위해 그들이 A팀에 함께 편성되었다고 가정하고 확률을 구해 보기로 하자.

만약 A팀에 9번 선수와 10번 선수가 배정되면 A팀에는 3개의 자리가 남고, 남아 있는 8명의 선수 중에서 이 3개의 자리를 채워야 한다. 그러므로 9번 선수와 10번 선수가 A팀에 편성되도록 선수들을 두 팀으로 편성하는 방법의 수는 다음과 같다.

$$\binom{8}{3} = \frac{8!}{(8-3)!\,3!} = \frac{8!}{5!\,3!} = 56$$

마찬가지로, 9번 선수와 10번 선수가 B팀에 편성되도록 선수들을 두 팀으로 편성하는 방법의 수 역시 56가지이다. 그러므로 9번 선수와 10번 선수가 A팀이나 B팀에 함께 편성될 확률은 다음과 같다.

$$\frac{56+56}{252} = \frac{4}{9}$$

이것은 드루스키 코치의 '두 명의 최우수 선수가 둘이기보다는 한 사람 같아 떼어놓으려고 해도 한 팀이 되었다'는 주장과는 약간 차이가 있다는 것을 의미한다. 사실상 그들이 한 팀에 편성될 확률은 $\frac{4}{9}$ (이 확률을 $p$라 하자)인 반면, 서로 다른 팀에 편성될 확률은 $\frac{5}{9}$ (이 확률을 $q$라 할 때, 이것은 $(1-p)$와 같다)로 약간 더 높다.

### Part 2

$p=\frac{4}{9}$임을 계산했기 때문에 이제 다음과 같이 질문할 수 있다.

선수들을 A팀과 B팀으로 편성하여 20번의 리그전을 치를 때, 9번 선수와 10번 선수가 20번 중 14번을 같은 팀에서 함께 경기할 확률은 얼마일까?

이 문제는 같은 시행을 $n$번 반복했을 때 어떤 사건이 일어나는 횟수에 초점을 맞춘 이항분포를 활용하면 쉽게 해결할 수 있다. 이 문제를 해결하기에 앞서 어떤 시행의 결과가 두 가지로 나오는 경우에 대해 먼저 살펴보기로 하자. 이를테면 한 개의 동전을 던지는 시행에서 나올 수 있는 결과는 H(앞면) 또는 T(뒷면)이다. 그리고 H가 나올 확률이 $p$이면, T가 나올 확률은 $q=1-p$이다. 여기서 한 개의 동전을 던지는 시행을 5번 반복하면, H H H T T 등과 같은 결과가 나오게 된다. 이때 H H H T T의 결과가 나올 확률은 다음과 같다.

$$p \cdot p \cdot p \cdot (1-p) \cdot (1-p) = p^3(1-p)^2$$

여기서 한 개의 동전을 던지는 시행을 5번 반복하여 3개의 H와 2개의 T가 나오는 사건들과, 각 사건이 나올 확률을 구해 보면 다음과 같다.

| 한 개의 동전을 5번 던질 때 3개의 H와 2개의 T가 나오는 사건 | 각 사건이 나올 확률 |
|---|---|
| HHHTT | $p \cdot p \cdot p \cdot (1-p) \cdot (1-p) = p^3(1-p)^2$ |
| HHTHT | $p \cdot p \cdot (1-p) \cdot p \cdot (1-p) = p^3(1-p)^2$ |
| HHTTH | $p \cdot p \cdot (1-p) \cdot (1-p) \cdot p = p^3(1-p)^2$ |
| HTHHT | $p \cdot (1-p) \cdot p \cdot p \cdot (1-p) = p^3(1-p)^2$ |
| HTHTH | $p \cdot (1-p) \cdot p \cdot (1-p) \cdot p = p^3(1-p)^2$ |
| HTTHH | $p \cdot (1-p) \cdot (1-p) \cdot p \cdot p = p^3(1-p)^2$ |
| THHHT | $(1-p) \cdot p \cdot p \cdot p \cdot (1-P) = p^3(1-p)^2$ |
| THHTH | $(1-p) \cdot p \cdot p \cdot (1-p) \cdot p = p^3(1-p)^2$ |
| THTHH | $(1-p) \cdot p \cdot (1-p) \cdot p \cdot p = p^3(1-p)^2$ |
| THHHH | $(1-p) \cdot (1-p) \cdot p \cdot p \cdot p = p^3(1-p)^2$ |

이것으로 보아 3개의 H와 2개의 T가 나오는 각각의 확률은 모두 같음을 알 수 있다. 또 3개의 H와 2개의 T가 나오는 사건의 경우의 수가 모두 10가지이므로, 한 개의 동전을 5번 던질 때 3개의 H와 2개의 T가 나올 확률은 $p^3(1-p)^2$에 3개의 H와 2개의 T를 나열하는 방법의 수를 곱해야 한다. 즉 $10 \times p^3(1-p)^2$이다. 이때 3개의 H와 2개의 T를 나열하는 방법의 수 10은 5개의 결과 중 3개의 결과가 H가 되도록(나머지 2개는 자동으로 T가 될 것이다) 선택하는 방법의 수와 같다. 이것은 $\binom{5}{3}$으로 나타낼 수 있으므로 3개의 H와 2개의 T가 나올 확률은 다음과 같다.

$$\binom{5}{3} p^3(1-p)^2$$

따라서 두 가지 결과만 나오는 어떤 시행에서 사건 A가 일어날 확률이 $p$, 사건 A가 일어나지 않을 확률이 $q=1-p$일 때, 이 시행을 $n$번 반복한 결과 사건 A가 $k$회 일어날 확률 $P(k)$는 다음과 같이 나타낼 수 있다.

$$P(k) = \binom{n}{k} p^k(1-p)^{n-k}$$

여기서 다시 우리가 해결해야 할 문제로 되돌아가 보자. 10명의 학생을 5명씩 나누어 두 팀을 편성할 때, 두 선수 존스와 사도우스키가 같은 팀에 들어가는 경우를 생각해야 한다. Part 1에서 계산한 대로 두 선수가 같은 팀에 들어갈 확률이 $p=\dfrac{4}{9}$이므로, 20번($n=20$)의 리그전에서 같은 팀에 14번($k=14$) 편성되어 게임할 확률은 다음과 같다.

$$P(14) = \binom{20}{14}\left(\frac{4}{9}\right)^{14}\left(\frac{5}{9}\right)^{20-14}$$

이 식을 팩토리얼을 사용하여 나타내면 다음과 같다.

$$P(14) = \frac{20!}{14!6!}\left(\frac{4}{9}\right)^{14}\left(\frac{5}{9}\right)^{6}$$

계산기나 컴퓨터를 사용하여 계산하면 이 값은 0.0134로 약 1.3%이다.

보다 일반적으로, 그들이 20번의 리그전에서 같은 팀에 $k$번 편성되어 게임할 확률은 다음과 같다.

$$P(k) = \binom{20}{k}\left(\frac{4}{9}\right)^{k}\left(\frac{5}{9}\right)^{20-k}$$

이 값들을 그래프 위에 나타내면 다음과 같다.

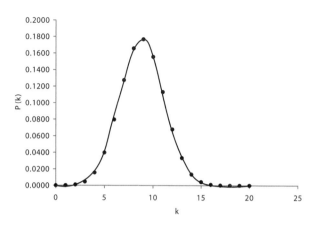

　따라서 두 선수가 매우 적은 횟수만큼 또는 상당히 많은 횟수
만큼 같은 팀에 편성되어 게임을 한다는 것은 그 확률이 매우 적
으므로 거의 불가능하다는 것을 알 수 있다. 가장 큰 확률을 나타
내는 경우는 20번의 리그전에서 같은 팀에 9번 편성되는 것이다.
이때 확률은 0.1768로 18%에 가까운 값에 불과하다. 같은 팀에
8번 또는 10번 편성되는 경우는 9번 편성되는 경우에 비해 확률
이 약간 낮은 것뿐이지만, 횟수가 점점 커지거나 작아지게 되면
확률 또한 점점 낮아짐을 알 수 있다. 이 경우에 $k$의 가능한 값들
(0에서 20까지)에 대한 각 확률을 모두 더하면, 그 값은 다음과 같
이 1(또는 100%)이 된다.

$$\sum_{k=0}^{20} \binom{20}{k}\left(\frac{4}{9}\right)^{k}\left(\frac{5}{9}\right)^{20-k} = 1$$

여기서 존스와 사도우스키가 20번의 리그전 중에서 같은 팀에 14번 편성되어 게임을 했다는 것이 평이하게 일어날 수 있는 일이었는지를 알아보기 위하여 꼭 $P(14)$를 조사해 볼 필요는 없다. 단지 궁금한 것은 그들이 어떻게 같은 팀에 최소한 14번만큼 편성될 수 있었는가이다. 이것을 알아보기 위해 같은 팀에 14번, 15번, …, 20번 편성될 확률을 각각 구하여 더해 보기로 하자.

$$\sum_{k=14}^{20} \binom{20}{k} \left(\frac{4}{9}\right)^k \left(\frac{5}{9}\right)^{20-k} = 0.0189512$$

이것은 두 선수 존스와 사도우스키가 20번의 리그전에서 같은 팀에 14번 편성되어 게임을 할 확률이 2%보다 작다는 것을 의미한다.

이 사실을 바탕으로 라비는 존스와 사도우스키가 같은 팀에 편성되도록 하기 위해 팀을 편성하는 과정에서 아마도 어떤 속임수가 있었다는 결론을 내렸다.

여기서 2개의 다른 재미있는 문제들을 해결해 보자.

1. 10명 중에 3명의 슈퍼스타 선수가 있다고 가정하자. 이때 10명의 선
   수들을 5명씩 나누어 두 팀으로 편성할 때, 세 명의 선수가 모두 같은
   팀으로 편성될 확률은 얼마인가?

앞에서 알아보았던 대로, 팀의 순서를 생각하면서 선수들을 두
팀으로 나누는 방법은 252가지가 있다. 이때 3명의 최우수 선수
들을 A팀으로 편성한다고 하자. 그러면 A팀에는 2개의 자리가
남게 되고, 남은 7명의 선수들 중에서 이 2개의 자리를 채워야 한
다. 이것은 '7명 중에서 2명을 선택하는 것'을 말하므로 다음과
같이 나타낼 수 있다.

$$\binom{7}{2} = 21$$

마찬가지로, 3명의 최우수 선수들을 포함하여 B팀을 만드는 방법의 수도 21가지이다. 그러므로 어느 한 팀에 3명의 슈퍼스타 선수들이 함께 편성될 확률은 $\frac{(21+21)}{252} = \frac{1}{6}$ 로 약 16.7%이다.

2. 이제 로켓팀에 15명의 선수가 있다고 가정해 보자. 5명씩 세 팀으로 조를 나눈다고 할 때, 존스와 사도우스키가 같은 팀으로 편성될 확률은 얼마인가?

먼저, 15명의 선수들을 5명씩 3개의 팀으로 나누는 방법이 몇 가지나 있는지 알아보기로 하자. A팀에 소속될 5명의 선수들을 뽑는 방법의 수는 $\binom{15}{5}$이다. 이제 그들 각각의 팀에 대하여, 남은 10명 중에서 5명을 뽑아 B팀을 만드는 방법의 수는 $\binom{10}{5}$이다. 마지막에는 C팀을 만들기 위한 5명의 선수들이 남는다. 그러므로 전체 방법의 수는 다음과 같다.

$$\binom{15}{5} \cdot \binom{10}{5}$$

팩토리얼을 사용하여 나타내면 다음과 같다.

$$\frac{15!}{10!5!} \cdot \frac{10!}{5!5!} = \frac{10!}{(5!)^3}$$

이는 15명의 선수를 순서를 고려하여 세 팀으로 나눈 것이다.

한편, 문제에서는 팀의 순서를 고려하지 않는다. 그러므로 15명의 선수를 5명씩 세 그룹으로 나눈 다음, 세 그룹을 다시 세 팀에 배정하는 방법의 수 3!로 위의 가짓수를 나누어야 한다.

$$\frac{15!}{3!(5!)^3}$$

결국 126,126가지의 서로 다른 방법이 있다.

같은 식으로, $nk$개의 물건을 $n$개씩 $k$개의 묶음으로 나누는 방법의 수를 일반화하면 다음과 같다.

$$\frac{(nk)!}{k!(n!)^k}$$

> A팀 : {존스, 사도우스키, ○, ○, ○ }
> B팀 : { ○, ○, ○, ○, ○ }
> C팀 : { ○, ○, ○, ○, ○ }

존스와 사도우스키가 A팀으로 함께 편성될 방법의 수를 계산하기 위해서는 그들을 먼저 A팀에 배정해야 한다. 그러면 A팀에는 3개의 자리가 남고, 남아 있는 13명의 선수 중에서 이 3개의 자리를 채워야 한다. 즉 존스와 사도우스키를 포함하여 A팀의 선수들을 뽑는 방법의 수는 $\binom{13}{3}$이다. 이때, A팀의 선수들을 뽑는 각각의 선택들에 대하여 10명이 남아 있으므로, B팀을 만드는 방법의 수는 $\binom{10}{5}$이고, C팀은 자동으로 결정된다. 그러므로 존스와 사도우스키가 A팀으로 함께 편성된 가운데 3개의 팀을 만드는 방법의 수는 다음과 같다.

$$\binom{13}{3} \cdot \binom{10}{5} = \frac{13!}{3!10!} \cdot \frac{10!}{5!5!} = \frac{13!}{3!(5!)^2}$$

마찬가지로, 그들을 B팀이나 C팀으로 함께 배정하는 방법의 수는 같다. 즉 존스와 사도우스키가 세 팀 중 어느 팀이든지 함께 배정될 방법의 수는 $\frac{3(13)!}{3!(5!)^2}$ 이다. 이때 그들이 세 팀 중 어느 한 팀에 함께 배정될 확률은 다음과 같다.

$$\frac{3(13!)}{3!(5!)^2} \div \frac{15!}{(5!)^3} = \frac{3(13!)}{3!(5!)^2} \times \frac{(5!)^3}{15!} = \frac{3(13!)(5!)}{3!15!} = \frac{2}{7}$$

이 값은 약 0.2857로 대략 29%이다.

A팀 : { ○ , ○ , ○ , ○ , ○ }
B팀 : {존스, 사도우스키, ○ , ○ , ○ }
C팀 : { ○ , ○ , ○ , ○ , ○ }

마지막으로 존스와 사도우스키를 먼저 B팀에 배정하면 같은 결과를 얻는다는 것을 알 수 있다. 13명의 선수 중에서 5명을 뽑아 A팀에 배정하는 방법의 수는 $\binom{13}{5}$이다. 그러므로 8명의 선수가 남게 된다. 이때 B팀에는 3개의 자리가 남아 있으므로, A팀 각각에 대하여 B팀을 만드는 방법의 수는 $\binom{8}{3}$이다. C팀은 남은 5명의 선수로 구성하며, 따라서 자동으로 결정된다. 그러므로 존스와 사도우스키를 먼저 B팀에 배정할 때, 팀을 만드는 방법의 수는 다음과 같다.

A팀 : { ○ , ○ , ○ , ○ , ○ }
B팀 : { ○ , ○ , ○ , ○ , ○ }
C팀 : {존스, 사도우스키, ○ , ○ , ○ }

만약 존스와 사도우스키를 C팀에 배정할 경우, A팀을 만드는 방법의 수는 $\binom{13}{5}$이다. 그리고 남은 8명의 선수 중에서 5명의 선수들을 뽑아 B팀을 만드는 방법의 수는 $\binom{8}{5}$이다. 일단 그 다섯 명의 선수들이 선택되면, 남은 3명의 선수들이 C팀을 채운다. 따라서, 실제로 존스와 사도우스키를 C팀에 배정하여 세 팀을 만드는 방법의 수는 다음과 같다.

$$\binom{13}{5} \cdot \binom{8}{5} = \frac{13!}{5!8!} \cdot \frac{8!}{5!3!} = \frac{13!}{3!(5!)^2}$$

# 월석 절도 미수 사건

라비는 백보드 위로 농구공이 날아가는 것을 보고 있었다.

"잘하셨어요, 아빠. 조금만 부드럽게 던지면 다음번엔 꼭 공을 넣으실 거예요."

라비의 아버지는 농구를 잘하지 못한다. 그는 한 번도 농구를 해 본 적이 없는 사람이 공을 던지는 것처럼 어설프게 가슴 높이에서 두 손으로 공을 던졌다. 아버지는 원래 다재다능한 사람이 아니었지만 지방 검사로서 왕성하게 활동하면서도 주말에는 항상 '농구'처럼 아버지와 아들이 함께할 수 있는 취미 생활을 하려고 노력해왔다. 라비 역시 아버지와 대화를 나누거나 체스 게임을 같이 하는 등의 취미 생활을 즐기면서 동시에 아버지를 즐겁게 해 드리려고 노력했다.

아버지가 공을 드리블하면서 말했다.

"경찰이 한 남자를 구류하고 있는데, 분명히 너도 알고 있는 사람 같아. 어제 잠시 이야기를 해 봤거든. 우리는 그 사람을 강도죄로 기소하려고 해."

"그 남자가 나를 알고 있다고요?"

"그래."

믿기지 않는다는 듯한 라비의 말에 아버지가 대답했다.

"그 사람은 네가 생각하는 일반적인 범죄자가 아니야. 또 그 사람이 저지른 행위도 네가 생각하는 평범한 범죄행위가 아니야. 시카고의 과학박물관에서 월석을 훔치려고 했던 박물관의 야간 경비원인데, 이름은……"

"설마, 조지 데이비스 씨는 아니죠!"

라비가 큰 소리로 말했자 아버지가 고개를 끄덕였다.

"그럼 너도 그 남자를 알고 있구나."

"네, 아빠. 잘 알아요. 그런데 데이비스 씨가 박물관에서 물건을 훔치려고 했다는 것을 믿을 수가 없어요."

"하지만, 경찰은 물건을 훔치기 전날 밤 마음을 바꾼 데이비스 씨의 파트너에게서 뜻밖의 제보전화를 받았어. 월석이 놓여 있는 단 안에 상당히 단순해 보이는 경보기가 설치되어 있는데, 그 경보기에는 중량 센서가 달려 있다는구나. 센서는 1mg의 오차만 생겨도 매우 민감하게 반응하기 때문에 월석을 성공적으로 훔치려면 미리 월석의 무게를 알아놓은 다음, 월석을 옮길 때 단 위에 정확히 월석과 무게가 같은 것을 동시에 올려놓아야 된다는 거야."

"그런데 그것이 데이비스 씨와 무슨 관계가 있나요?"

라비가 물었다.

"제보자에 따르면 그들이 밤에 월석을 훔치기로 했다는 거야. 암시장에서 거의 백만 달러의 가치가 있다는군. 데이비스 씨의 가방을 살펴보면 여러 개의 금속 분동을 발견하게 될 것이라고 했어. 그 금속 분동들은 민감한 중량 센서가 울리지 않도록 하는 데 사용될 거라고 했고."

라비의 아버지가 말했다.

"전화를 끊고 경찰이 박물관으로 가서 데이비스 씨의 가방을 뒤졌는데, 제보자가 말한 대로 한 뭉치의 금속 분동을 찾아냈어. 그래서 그 자리에서 바로 체포해 경찰서로 데려왔다는 거야."

"믿을 수 없는 이야기예요!"

라비가 큰 소리로 말했다.

"왜 믿지 못하겠다는 거야?"

그의 아버지가 물었다.

"그건 그렇고, 데이비스 씨를 어떻게 알게 된 거니?"

"아빠는 혹시 데이비스 씨에 대해 알고 있는 것이 있으세요?"

라비가 대답 대신 질문했다.

"글쎄, 34년 동안 그 박물관에서 야간 경비원으로 일했고, 쉽게 일확천금을 벌 기회가 있는데도 상당히 적은 월급을 받으면서 박물관에서 자신의 전 생애를 보낸 노인이라는 것쯤은 알고 있어."

라비의 아버지는 과거에 데이비스 씨와 같은 그다지 대단찮은 범죄자를 많이 다루었다는 투로 말하였다.

"여하튼 아빠, 제가 알고 있는 데이비스 씨와 동일인물이라는 생각이 들지 않아요. 아빠도 알다시피 저는 늘 과학박물관에 드나들잖아요. 지난 몇 년 동안 거기를 다니면서 데이비스 씨에 대해 상당히 많은 것을 알게 되었어요. 그래서 제가 정말 존경하고 신뢰하는 사람이라고 말할 수 있어요."

라비가 말했다.

"존경한다고?"

라비의 아버지가 깜짝 놀랐다. 라비는 다른 사람들에 대해 그렇게 이야기한 적이 거의 없었기 때문이다.

"네, 아빠. 데이비스 씨는 60년대 말 버클리대 천문학과를 졸업했어요. 그때 그는 수학과 박사과정을 밟고 있는 여학생을 사랑하고 있었어요. 그런데 그들이 결혼을 앞두고 그녀가 백혈병 진단을 받았어요. 그는 그녀와 결혼하려 했지만 결국 그녀는 몇 달 후 세상을 떠나고 말았어요. 그는 그들이 함께 대학 캠퍼스를 거닐거나 바다에 갔던 일, 별을 보며 밤을 지새우고 천문학, 수학, 철학에 대해 이야기하는 것을 얼마나 좋아했는지를 저에게 이야기해 주었어요. 데이비스 씨는 삼라만상이 어떤 실수나 우연의 일치가 아닌 완벽하게 목적을 가지고 이루어진 것이라고 오랫동안 믿어왔어요. 그녀가 그렇게 사랑했던 수식처럼 매우 조화롭다고 믿었던 거지요. 그녀가 세상을 떠난 후, 그는 박사과정을 마치는 것보다 배우고 읽는 것이 하고 싶은 일의 전부임을 알게 되었어요. 그래서 버클리를 떠나 여기 시카고로 오게 되었는데, 과학을 더욱더 가까이 하고 항상 책을 읽고 싶어 했기 때문에 과학박물관에서 야간 경비원 일을 하게 되었던 거예요."

"라비, 나는 데이비스 씨에 대해 그런 것들까지는 모르고 있단다. 하지만 이 사건과 관련된 증거품들이 분명히 나왔잖니. 그 사람도 전혀 혐의를 부인하지 않았어. 내가 지방 검사라고 소개하자, 너와 내가 닮아서인지 단지 라비라는 이름을 가진 젊은 친구를 알고 있는지에 대해서만 물어보더구나. 네가 내 아들이라고 대답하자, 너를 매우 훌륭한 젊은이라 생각한다고 말했어. 그리고 너에게 안부를 전해달라고 하더구나."

"아빠, 경찰서로 가서 이 사건의 진상을 밝혀야겠어요."

라비가 단호하게 말했다.

지금까지 라비의 직관과 지적 능력을 믿어왔던 아버지는 라비가 이 남자의 범죄행위에 대해 정색할 정도로 의심하고 있다면, 이 사건은 보다 신중하게 접근해야 할 필요가 있다고 생각했다.

라비와 그의 아버지는 시카고 메트로폴리탄 경찰서에 도착한 다음, 마이어 형사의 사무실로 걸어갔다. 라비의 아버지는 그 형사와 인사를 나누면서 말했다.

"마이어 형사, 얘는 내 아들인 라비네. 자네의 허락을 얻어, 우리 셋이서 한 번만 더 데이비스 씨와 이야기를 했으면 하네."

마이어 형사는 눈썹을 추켜올리며 의심스러운 눈초리로 라비를 쳐다보았다. 그는 10대 소년이 자신의 시간을 낭비하는 것이 달갑지 않는 것처럼 보였다. 하지만 라비의 아버지를 매우 존경하고 있었기 때문에, 얼굴 표정으로만 지금의 이 상황이 달갑지 않다는 것을 나타낼 뿐이었다.

"좋아요. 갑시다."

그가 무뚝뚝하게 말했다.

라비와 그의 아버지는 마이어 형사를 따라 월요일에 기소하기로 되어 있는 데이비스 씨가 유치되어 있는 방으로 갔다.

"안녕, 젊은 친구."

세 사람을 본 데이비스 씨가 라비에게 말을 걸었다.

"데이비스 씨, 안녕하세요. 이게 대체 무슨 일이죠?"

라비가 걱정스러운 표정으로 물었다.

"분명한 것은, 34년이 지나니 시카고 과학박물관이 나를 도둑으로 몰았다는 거야."

데이비스 씨가 말했다.

"아저씨가 도둑이 아니라는 것을 알고 있어요. 제발, 무슨 일이 있었는지 말씀해 주세요."

데이비스 씨는 얼굴을 들어 라비를 쳐다보더니 한숨을 쉬었다.

"사실, 매우 간단해. 함정에 빠진 것 같아. 박물관장인 레비 씨는 1년 동안 나를 퇴직시키려고 했어. 자신의 사위에게 내 일을 맡기고 싶어 했거든."

"데이비스 씨, 경찰이 아저씨의 가방에서 발견한 그 분동들은 뭐죠?"

"그것에 대해서는 나도 전혀 모르는 일이야."

라비의 질문에 데이비스 씨가 대답했다.

"경찰이 내 가방을 조사하고 보여주었을 때 처음 봤어. 내 짐작대로라면, 너도 그 분동들이 월석이 놓여 있는 단의 경보기가 작동하지 않도록 하기 위한 것이라고 생각하는 것 같구나. 하지만 그것은 어려울 거야. 경보기가 월석 무게의 1mg의 허용한계량을 가지고 있기 때문이야. 월석을 들어 올리는 순간 월석의 무게와 똑같은 것을 올려놓지 않으면 경보기가 울리게 되어 있거든."

"데이비스 씨, 흥미롭군요. 마이어 형사님, 데이비스 씨 가방에서 찾아낸 금속 분동들의 무게는 얼마였죠?"

라비가 형사를 향해 몸을 돌리며 물었다.

형사는 정말 화가 나 있다는 것을 보이려는 듯 입을 오므리며 주머니에서 작은 수첩을 꺼내었다.

"238g이야. 과학수사 연구실에서 약품의 무게를 잴 때 사용하는 저울로 무게를 잰 거야"

"그리고 월석의 무게는 얼마죠?"

라비가 계속하여 질문했다.

형사는 수첩을 접고 라비를 쳐다보며 말했다.

"몰라. 월석의 무게는 알아보지 않았어."

"정확히 95g이야. 우주비행사가 달의 '고요의 바다'라는 작은 분화구에서 채집한 것이야. 38%의 감람석과 27%의 휘석, 19%의 사장석, 16%의 타이타늄철석으로 이루어져 있어."

데이비스 씨가 매우 자세하게 이야기하자, 그 자리에 있던 사람들 모두가 놀라는 눈치였다.

"마이어 형사님, 아빠가 말씀하시기로는 데이비스 씨 가방에서 찾아낸 분동들이 금속 볼트의 와셔 모양이었다고 하던데, 모두 크기가 같은 것이었나요? 각각의 무게는 얼마였나요?"

라비가 물었다.

"다시 한 번 말하지만, 적어 놓지 않았어."

형사가 자신이 화가 나 있다는 것을 겉으로 드러내 보이면서 말했다.

"하지만 그게 무슨 차이가 있니? 저 사람은 95g을 만드는 데 필요한 것보다 더 많은 분동을 가지고 있었단 말이야."

"마이어 형사, 이 사건을 맡은 지방 검사로서 나는 그 분동들을 조사하고 싶네. 내 아들이 그것들을 조사할 수 있도록 압수한 분동과 저울을 가져다주게. 부탁하네."

라비의 아버지는 형사가 라비를 무시하는 태도로 대하는 것에 신경이 쓰인 듯 엄숙한 표정으로 말했다.

부탁을 받은 형사는 여러 개의 금속 분동이 들어 있는 플라스

틱 가방을 가지고 왔다. 그리고 과학수사 연구실에서 약품의 무게를 재는 민감한 저울도 함께 들고 왔다.

라비는 테이블 위에 모든 분동을 늘어놓았다. 분동은 2가지 크기, 즉 12개의 작은 분동과 10개의 약간 큰 분동이 있었다. 라비는 작은 분동 한 개를 들어 저울 위에 올려놓았다.

"9g이에요."

라비는 다시 큰 분동 한 개를 들어 저울에 올려놓는 과정을 되풀이했다.

"13g이에요."

분동들의 무게를 잰 라비는 깊은 생각에 빠져 잠시 눈을 감았다.

"흠……."

그는 집중하는가 싶더니, 눈을 뜨고 자신을 향해 계속 미소 짓고 있는 데이비스 씨를 쳐다보았다.

"근소한 차이네요, 데이비스 씨."

라비가 그의 오랜 친구에게 말을 걸었다.

"정말이지 그것도 약간의 차이밖에 나지 않아, 젊은 친구. 우연의 일치라고 생각하지 않니?"

데이비스 씨는 여전히 라비에게 미소를 지으며 말했다.

"데이비스 씨, 세상에 우연의 일치는 없다는 것을 알고 계시잖아요."

씩 웃으며 데이비스 씨에게 윙크를 한 뒤 라비는 아버지와 마이어 형사 쪽으로 몸을 돌리며 말했다.

"명백하게 데이비스 씨는 결백합니다."

라비의 아버지와 마이어 형사는 데이비스 씨가 월석의 무게를 알고 있다는 것을 알게 되었다. 라비는 95g이 9g과 13g의 분동들을 조합하여 만들어지지 않는다는 것을 생각해 내었다. 이것은 $9x+13y=95$를 만족하는 자연수 $x$와 $y$가 존재하지 않는다는 것을 의미한다. 그래서 데이비스 씨는 풀려나게 되었다.

이 이야기에서 흥미를 끄는 것은 끝부분에서 라비와 데이비스 씨 사이에 벌어진 대화이다. 여러분은 그 말이 무엇을 의미한다고 생각하는가?

# 사건 분석

이 이야기는 다음과 같은 매우 흥미로운 문제로 바꾸어 생각할 수 있다.

두 양의 정수 $a$, $b$에 대하여, 다음과 같은 1차식의 값 $c$를 모두 몇 개 만들 수 있는가?

$$c = ax + by \text{(단, } x, y \text{는 0 또는 양의 정수이다.)}$$

이것은 '$a$g의 분동과 $b$g의 분동을 함께 사용하여 몇 g의 무게를 만들 수 있는가?' 또는 '$a$원짜리 우표와 $b$원짜리 우표를 사용하여 만들 수 있는 우편요금은 얼마인가?' 등의 보다 구체적인 문제로도 다시 나타낼 수 있다.

위의 사건에서는 $a = 9$, $b = 13$이고 이 수들을 사용하여 1차식 $9x + 13y$를 만들 수 있다. 하지만, 이 식으로는 95를 만들 수 없다. 라비와 데이비스 씨의 대화에 따르면 이 수 95와 관련하여 무언가 특별한 것이 있음을 암시하는 것처럼 보인다. 무엇일까?

# 사건 해결

이 문제를 해결하려면 무엇부터 알아보아야 할까? 보통 분명한 출발선이 없을 때는 먼저 문제에 익숙해지기 위해 되도록이면 몇 가지 간단한 예를 다루어 보는 것도 좋다. 여기서는 문제를 단순화하기 위해 $a$가 $b$보다 항상 작다고 하자.

$a=4$, $b=5$라고 했을 때 이들을 사용하여 만든 1차식 $4x+5y$로 만들 수 있는 수들(이 수들을 '가능한 수'라고 하자)과 만들 수 없는 수들(이 수들을 '불가능한 수'라고 하자)을 표로 나타내 보자.

$a=4$, $b=5$인 경우 다음과 같다.

| 표 | 0 | 1 | 2 | 3 | 4 | 5 | 6 | 7 | 8 | 9 | 10 | 11 | 12 | 13 | 14 | 15 | 16 | 17 | 18 |
|---|---|---|---|---|---|---|---|---|---|---|---|---|---|---|---|---|---|---|---|
| 가능 | ※ | | | | ※ | ※ | | | ※ | ※ | ※ | | ※ | ※ | ※ | ※ | ※ | ※ | ※ |
| 불가능 | | X | X | X | | | X | X | | | | X | | | | | | | |

처음 몇 개의 '가능한 수'를 살펴보자.

$$0 = 0 \times 4 + 0 \times 5$$

$$4 = 1 \times 4 + 0 \times 5$$

$$5 = 0 \times 4 + 1 \times 5$$

$$8 = 2 \times 4 + 0 \times 5$$

$$9 = 1 \times 4 + 1 \times 5$$

$$10 = 0 \times 4 + 2 \times 5$$

$$12 = 3 \times 4 + 0 \times 5$$

$$13 = 2 \times 4 + 1 \times 5$$

$$14 = 1 \times 4 + 2 \times 5$$

$$15 = 0 \times 4 + 3 \times 5$$

$$16 = 4 \times 4 + 0 \times 5$$

$$17 = 3 \times 4 + 1 \times 5$$

$$18 = 2 \times 4 + 2 \times 5$$

이 예로부터 두 가지의 흥미로운 점을 찾을 수 있다. 11이 '마지막 불가능한 수'라는 것과 이 수 뒤에 이어지는 수들이 모두 '가능한 수'가 되리라는 것이다. 여기서 12를 '연속으로 가능한 첫째 수'라고 하자. 이때 11이 마지막 불가능한 수라는 것을 어떻게 알 수 있을까? 일단 4개의 가능한 수가 이어지면, 그 이후의 나머지 수들도 모두 가능한 수가 된다는 것을 알 수 있다! 이것은 $a = 4$이고, 앞의 4개의 가능한 수 각각에 한 번 더 $a$를 더하면 간단히 4개의 새로운 가능한 수를 만들 수 있기 때문이다. 이 과정을 계속 되풀이하면 무수히 많은 가능한 수를 만들 수 있다. 이를테면, $13 = 2 \times 4 + 1 \times 5$에 4를 더하면 $17 = 3 \times 4 + 1 \times 5$이 되고, $14 = 1 \times 4 + 2 \times 5$에 4를 더하면 $18 = 2 \times 4 + 2 \times 5$가 된다.

이로부터 다음과 같은 두 가지 사항을 간단히 나타낼 수 있다.

1. 임의의 $a$, $b$에 대하여, 항상 마지막 불가능한 수가 존재한다.
2. $a(a < b)$개의 연속된 가능한 수를 찾기만 하면 마지막 불가능한 수를 알 수 있다. 이때 찾은 $a$개의 가능한 수 중 첫 번째 수가 바로 '연속으로 가능한 첫째 수'(이 경우에는 12)이다.

물론 이 두 사항은 결론이 아니며, 계속 조사해 봐야 할 내용들이다. 위의 첫 번째 사항의 경우 일부 $a$, $b$에 대해서는 참이 아니다. 이를테면 $a$와 $b$가 공통인수 $f(f \neq 1)$를 가지고 있을 때, $a$와 $b$를 사용하여 만든 1차식은 $f$의 배수가 된다. 즉 $a = mf$이고 $b = nf$이면, $c = ax + by = mfx + nfy = (mx + ny)f$이므로 $c$는 항상 $f$의 배수가 된다. 그러므로 $f$의 배수가 아닌 임의의 수들이 불가능한 수가 되며, 이 수들은 무수히 많음을 알 수 있다. 이것은 곧 '연속으로 가능한 수'가 없다는 것을 의미한다.

따라서 첫 번째 사항을 다음과 같이 수정하기로 하자.

1. 서로소인 임의의 두 정수 $a$, $b$에 대하여, 마지막 불가능한 수가 항상 존재한다.

이번에는 독자가 패턴을 찾을 수 있도록 몇 가지 경우에 대하여 위의 과정을 되풀이해 보도록 하자. 서로소인 두 수 $a$, $b$에 대하여 연속하는 $a$개의 가능한 수들을 찾을 수 있는가? 그런 다음 마지막 불가능한 수와 연속으로 가능한 첫째 수를 찾을 수 있는가? 다음의 두 수 $a$, $b$에 대하여 각각 확인해 보아라.

$$a=2, b=5$$
$$a=3, b=5$$
$$a=5, b=6$$
$$a=5, b=7$$
$$a=3, b=4$$
$$a=4, b=7$$
$$a=4, b=9$$

약간의 수고로움이 뒤따르지만, 종종 손을 혹사하지 않고서는 수학 문제를 해결하기 힘든 경우도 있다! 여러분이 알아낸 결과와 다음의 표에 나타난 결과를 비교해 보아라.

| $a$ | 2 | 3 | 4 | 5 | 5 | 3 | 4 | 4 |
|---|---|---|---|---|---|---|---|---|
| $b$ | 5 | 5 | 5 | 6 | 7 | 4 | 7 | 9 |
| 연속으로 가능한 첫째 수 | 4 | 8 | 12 | 20 | 24 | 6 | 18 | 24 |

이 표에서 어떤 패턴을 발견할 수 있는가? 운이 좋으면, 다음과 같은 패턴을 찾을 수 있을 것이다.

$$연속으로 가능한 첫째 수 = (a-1)(b-1)$$

따라서 마지막 불가능한 수는 $(a-1)(b-1)-1 = ab-(a+b)$ 임을 알 수 있다. 이제 다음 두 가지 사항을 증명해 보자.

1. 서로소인 두 수 $a$, $b$에 대하여, $ab-(a+b)$는 항상 불가능한 수가 된다.
2. $a < b$라고 할 때, $ab-(a+b)$ 바로 뒤에 오는 $a$개의 연속되는 정수는 모두 가능한 수이다. 이때 $a$개의 연속되는 가능한 수는 다음과 같다.

$$ab-a-b+1 = (a-1)(b-1),$$
$$(a-1)(b-1)+1,$$
$$(a-1)(b-1)+2,$$
$$\vdots$$
$$(a-1)(b-1)+(a-1) = (a-1)b$$

## 1의 증명

이것을 증명하기 위해 $ab-(a+b)$가 '가능한 수'라고 가정할 때, 이것으로 모순이 생긴다는 것을 증명해 보자. 조건에서 $a$, $b$는 서로소인 양의 정수이다.

먼저 $ab-(a+b)$가 가능한 수라고 가정하면 다음과 같다.

$ab-(a+b)=ax+by$ (단, $x$, $y$는 모두 0 또는 양의 정수이다.)

이때 $y<a-1$이다. 그것은 $ax+by=ab-(a+b)<ab-b$ $=b(a-1)$이기 때문이다. 만약 $y \geq a-1$이면, $ax+by$는 $ab-(a+b)$보다 크게 될 것이다.

여기서 $ab-(a+b)=ax+by$를 정리하여 $x$에 관한 식으로 나타내면 다음과 같다.

$$x=\frac{ab-a-b-by}{a}$$
$$=\frac{b(a-1-y)-a}{a}$$

한편 $\frac{w-a}{a}$가 정수일 때, $w$는 $a$로 나누어떨어져야 한다.

그러므로 $x=\frac{b(a-1-y)-a}{a}$에서 $x$가 정수이므로, $b(a-1-y)$는 $a$로 나누어떨어져야 한다. 이때 $a$, $b$가 서로소이기 때문에 $b$는 $a$로 나누어떨어지지 않는다. 이것은 $a-1-y$가 $a$로 나누어떨어져야 한다는 것을 의미한다. 또 $y<a-1$이므로 $a-1-y$는 0보다

크지만 $a$보다는 작다. 이것은 곧 $a-1-y$가 $a$로 나누어떨어지지 않는다는 것을 의미한다. 따라서 $ab-(a+b)=ax+by$를 만족하는 정수 $x$가 존재하지 않으며, 이것은 가정에 모순이다. 그러므로 $ab-(a+b)$는 항상 '불가능한 수'이다.

## 2의 증명

$a$개의 정수 중 마지막 수 $(a-1)b$가 항상 '가능한 수'이다. 그것은 $ax+by$에서 $x=0$이고 $y=a-1$일 때 바로 성립한다. 따라서 마지막 수를 제외한 나머지 $(a-1)$개의 수 $(a-1)(b-1)$, $(a-1)(b-1)+1$, …, $(a-1)(b-1)+(a-2)=(a-1)(b-1)+$ $(a-1)-1=(a-1)b-1$에 대해서만 조사해 보기로 하자.

이 $(a-1)$개의 수들은 다음과 같이 간단히 나타낼 수 있다.

$$(a-1)b-k \ \text{(단, } k=1, 2, …, a-2, a-1)$$

여기서 $a$, $b$가 서로소이고 $a<b$라고 가정하면, $b$를 $a$의 배수에 나머지 $r$을 더하여 다음과 같이 나타낼 수 있다.

$$b=qa+r \ \text{(단, } 1 \leq r \leq a-1 \text{이고 } q \text{는 정수이다)}$$

이때 $a$와 $r$은 서로소이다. 만약 $a=md$이고 $r=me$와 같이 서로소가 아니면, $b=qmd+me=m(qd+e)$가 된다. 따라서 $b$와 $a$가 모두 공통인수 $m$을 갖게 되므로 서로소가 아니다.

증명을 시작하기 위해 또 다른 $(a-1)$개의 수 $r, 2r, \cdots, (a-1)r$을 살펴보자. 이 수들은 $a$와 $r$이 서로소이고 각 항이 $ir(i<a)$의 꼴이므로 어떤 것도 $a$로 나누어떨어지지 않는다. $a$와 $r$이 서로소라는 사실은 또한 이 수들 중 어느 것도 $a$로 나눌 때 같은 나머지를 갖지 않는다는 것을 의미한다. 만약 같은 나머지를 갖는 것이 있다면, 어떤 $i<j$에 대하여 수 $(j-i)r$이 $a$로 나누어떨어질 것이다. 예를 들어, $ir=sa+z$이고 $jr=ta+z$이면, $(j-i)r=(t-s)a$이다.

한편 정수를 $a$로 나누면 $a$개의 나머지, 즉 $0, 1, 2, \cdots, a-1$이 있으므로, 만약 그 정수가 $a$와 서로소이면, 0은 나머지가 될 수 없고 $(a-1)$개만이 가능하다. 또 $r, 2r, \cdots, (a-1)r$의 $(a-1)$개의 수들을 각각 $a$로 나누면, 모두 서로 다른 나머지를 가지므로 이 나머지들에서도 1에서 $a-1$까지의 각 수들이 한 번씩 나타난다.

그러므로 임의의 $k(1 \leq k \leq a-1)$에 대하여, $k$가 나머지가 되는 다음과 같은 값들, 즉 $mr=na+k$가 존재하게 된다.

이제 $(a-1)b-k$를 $(a-1)(qa+r)-k$로 쓸 수 있으므로, 이것이 항상 '가능한 수'가 된다는 것을 보이기로 하자.

$$(a-1)(qa+r)-k=(a-1)qa+(a-1)r-k$$

이때 이 식의 우변에서 $mr$을 한 번 더하고 다시 빼서 정리하면 다음과 같다.

$$(a-1)(qa+r)-k=(a-1)qa+(a-1)r-mr+mr-k$$
$$=(a-1)qa+(a-1-m)r+mr-k$$

다시 우변에 $mqa$를 더하고 빼서 정리하면 다음과 같다.

$$(a-1)(qa+r)-k$$
$$=(a-1)qa-mqa+(a-1-m)r+mr-k+mqa$$
$$=(a-1-m)qa+(a-1-m)r+mr-k+mqa$$

여기서 우변을 조금 더 간단히 정리한다.

$$(a-1)(qa+r)-k=(a-1-m)(qa+r)+mr-k+mqa$$

이때 $mr=na+k$을 대입하면 다음과 같다.

$$(a-1)(qa+r)-k=(a-1-m)(qa+r)+na+k-k+mqa$$
$$=(a-1-m)(qa+r)+na+mqa$$
$$=(a-1-m)(qa+r)+(n+mq)a$$

그런데 $b=qa+r$이므로 위의 식을 다음과 같이 나타낼 수 있다.

$$(a-1)b-k=(a-1-m)b+(n+mq)a$$

이것은 $k$의 각 값에 대하여 성립하며, 각 $(a-1)$개의 수 $(a-1)b-k(1 \le k \le a-1)$가 '가능한 수'임을 보여준다. 그것은 각 수가 $a$와 $b$의 1차식 $ax+by$(단, $y=a-1-m$, $x=n+mq$)로 나타낼 수 있기 때문이다.

여기에 가능한 수 $(a-1)b$를 추가하면, 연속하는 $a$개의 가능한 수인 $(a-1)(b-1)$, $(a-1)(b-1)+1$, $\cdots$, $(a-1)b$가 있음을 증명한 셈이 된다.

따라서 $a$, $b$가 서로소이면, $(a-1)(b-1)-1=ab-(a+b)$가 마지막 '불가능한 수'이며, $(a-1)(b-1)$이 '연속으로 가능한 첫째 수'가 됨을 증명한 것이다!

이제 우리의 이야기로 돌아가, 마지막 부분에서 라비와 데이비스 씨가 나눈 대화 내용을 알아보기로 하자. 월석의 무게는 정확히 95용이고, 데이비스 씨의 가방에 있던 두 종류의 분동의 무게는 각각 9용과 13용이었다. 그런데 $a=9$, $b=13$인 경우, 마지막 '불가능한 수'는 $(a-1)(b-1)-1=8\times12-1=95$이다. 이것은 95용이 9용과 13용의 분동들을 함께 사용하여 만들 수 없는 가장 무거운 무게라는 것을 의미한다. 만약 월석의 무게가 조금만 더 나갔더라면, 95용보다 큰 어떤 수일지언정, 분동들을 사용하여 그 무게를 만들 수 있다. 따라서 데이비스 씨의 결백을 증명할 방법이 없었을 것이다!

# 좀 더 알아보기

문제를 해결하면서 $ag$, $bg$, $cg$의 서로 다른 세 종류의 분동을 함께 사용하여 만들 수 있는 무게를 생각해 보는 것은 자연스럽다. 조합이 가능한 분동들을 저울에 올려놓으며 가늠해 볼 수도 있다.

이것을 보다 수학적으로 나타내면 다음과 같다 : 세 양의 정수 $a$, $b$, $c$에 대하여, 1차식 $d = ax + by + cz$로 만들 수 있는 수와 만들 수 없는 수는 어떤 것들이 있을까?

이 문제는 단순해 보이지만 실제로 매우 어렵고, 기본적인 해결 방법도 없다. 그러나 재미 삼아 몇 가지 특별한 경우에만 적용되는 방법을 설명할 수 있다.

만약 세 수 $a$, $b$, $c$가 모두 공통인수 $f$를 가진다면, 이 세 수로 만든 1차식은 어떤 것이라도 $f$의 배수가 된다. 그러므로 $f$의 배수가 아닌 모든 수들은 '불가능한 수'가 되며 결국 마지막 '불가능한 수' 역시 존재하지 않을 것이다. 그러므로 $a$, $b$, $c$는 이를테면 모두 짝수일 리가 없다.

다음 예를 약간 교묘한 방법으로 해결해 보기로 하자.

$a=12$, $b=20$, $c=33$일 경우에 마지막 '불가능한 수'는 무엇일까? 바꾸어 말하면, $12x+20y+33z$로 나타낼 수 없는 가장 큰 정수는 무엇일까?

여기서 $12x+20y+33z$를 $3(4x+11z)+20y$와 같이 나타낸 다음, 괄호 안의 식 $4x+11z$를 자세히 살펴보자. 이것은 $a=4$, $b=11$을 사용하여 만든 1차식이다. 따라서 앞에서 알아본 대로, '연속으로 가능한 첫째 수'는 $(a-1)(b-1)=10\times3=30$이고, 30 이후의 모든 정수는 식 $4x+11z$의 값이 될 수 있다. 이때 이 수들은 $t+30$과 같이 나타낼 수 있으므로 $4x+11z$를 $t+30$으로 대체하여 쓸 수 있다. 따라서 $3(4x+11z)+20y$는 다음과 같이 다시 나타낼 수 있다.

$$3(t+30)+20y=3t+20y+90$$

이번에는 $3t+20y$를 살펴보자. 이것은 $a=3$, $b=20$을 사용하여 만든 1차식이므로, '연속으로 가능한 첫째 수'는 $(3-1)(20-1)=2\times19=38$이다. 그러므로 $3t+20y$는 $s+38$과 같이 나타낼 수 있으며, 처음 식을 다음처럼 간단히 쓸 수 있다.

$$12x+20y+33z=3t+20y+90=s+38+90=s+128$$

그러므로 128 이후의 모든 정수는 $12x+20y+33z$의 값이 될 수 있으며, 127은 $a=12$, $b=20$, $c=33$의 마지막 '불가능한 수'이다.

약간 유치해 보이는 위의 방법은 두 번 도출한 결과를 해결 과정에 적용하고 있다. 그러나 여기에 어떤 속임수도 없다는 것을 확인하기 위해 위의 식을 다시 살펴보기로 하자.

$$12x+20y+33z$$

대신 이번에는 $12x+20y$를 결합하여 $4(3x+5y)+33z$와 같이 나타내자. 어떻게 될까?

괄호 안의 식 $3x+5y$의 값들은 $2\times4=8$ 이후의 모든 수들이므로, $4(3x+5y)+33z$를 다음과 같이 다시 쓸 수 있다.

$$4(3x+5y)+33z=4(t+8)+33z=4t+33z+32$$

또 식 $4t+33z$의 값들은 $3\times32=96$ 이후의 모든 수이다. 따라서 식 $12x+20y+33z$의 값은 $96+32=128$ 이후의 모든 정수를 말한다. 이것은 곧 127이 마지막 '불가능한 수'임을 의미한다.

여기서 해를 구하기 위해 알고리즘을 찾고, 그 알고리즘을 이용하여 답을 구했다는 것을 잊지 말기 바란다. 그것은 바로 앞 사건을 해결할 때 간단한 공식을 구했던 것과는 상당히 다르지만, 하루 공부의 양으로는 나쁘지 않다!

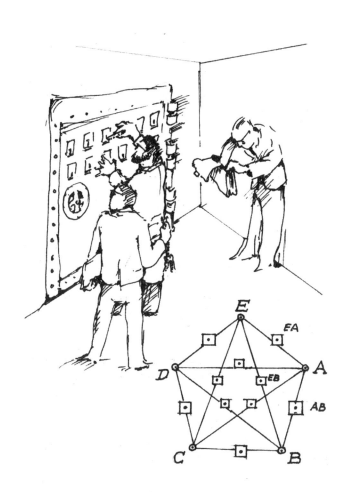

라비의 논리학 수업 시간은 다른 날과 똑같이 시작되었다. 오늘
은 시험을 보는 날이다. 시험지에는 두 문항이 적혀 있었으며 각
문제당 15점인 선다형 문제였다. 라비가 받아 든 시험지는 운 나
쁘게도 복사가 제대로 되지 않은 탓인지 두 번째 문항의 문제를
전혀 읽을 수가 없었다. 단지 읽을 수 있는 것은 문제 아래에 있
는 선다형 답안 항목이 전부였다.

　A) 아래에 있는 것 모두 다

　B) 아래에 있는 것 어느 것도 아니다

　C) 위에 있는 것 모두 다

　D) 위에 있는 것 중에서 하나

　E) 위에 있는 것 어느 것도 아니다

　F) 위에 있는 것 어느 것도 아니다

　　라비는 이것이 오늘 부딪히게 되는 사건 중 첫 번째 난제가 되

리라는 것을 미처 알지 못했다.

수업이 끝나고 집에 돌아갔을 때, 그는 검은색의 리무진이 집 앞의 차도에 주차되어 있는 것을 발견하였다.

"네가 라비니?"

큰 키에 말쑥한 복장의 남자가 차에서 나오더니 강한 러시아 억양으로 물었다.

"네."

"나는 디미트리 듀보브라고 하네. 회장이지. 그러니까……."

"회장님이 누구신지를 알아요."

라비가 먼저 말했다.

"저는 최근에 발행된 물리학 학회지에서 그 회사의 과학자가 쓴 훌륭한 양자역학 논문을 읽었거든요."

"우리 회사의 과학자들은 정말 뛰어나지, 라비. 하지만 이것은 비밀인데, 우리 회사에서 진행하고 있는 연구가 중단되었어."

듀보브 씨가 라비에게 몸을 바싹 붙이며 말했다.

"그것이 내가 여기에 온 이유라네. 우리는 저온 핵융합 방식에서 획기적인 발견을 거의 이루어가고 있었어. 하지만 보안에 중대한 문제가 생겼지 뭔가. 이 연구 결과를 넣어 놓은 금고의 열쇠 몇 개를 도난당했어. 이 연구는 수십조 원의 가치가 있는 것이야."

"매우 유감스런 일이군요, 듀보브 씨."

라비가 진심으로 염려하면서 말했다.

"그런데 라비, 누군가가 이 미스터리를 해결할 수 있는 사람이 있다면 바로 너라고 하더군."

"최선을 다해 보겠습니다, 듀보브 씨."

라비가 대답했다.

"상황을 좀 자세히 말씀해 주시겠어요?"

"우리 회사에서 가장 뛰어난 5명의 과학자인 알퍼스 박사, 베테 박사, 케드릭 박사, 돕킨스 박사, 에그랜드 박사가 이 프로젝트를 진행해 왔어. 그들은 매일 작업을 끝낸 후 재료 및 성과물들을 금고에 넣고 자물쇠를 채워. 그들은 도둑맞지 않기 위해 보안 시스템을 고안한 뒤, 나에게조차도 자세하게 말해 주지 않았어. 단지 내가 알고 있는 것은 그 금고에 여러 개의 자물쇠가 있고, 그들 각자가 여러 개의 열쇠를 가지고 있다는 거야. 5명의 과학자가 고안한 그 시스템은 그들 중 어느 한 사람 또는 두 사람이 함께 하더라도 금고를 열 수 없도록 되어 있다고 들었어. 하지만 그들 중 임의의 세 사람이 모이면 금고를 열 수 있어. 그것은 한두 명이 과학 학회에 참석하거나 몸이 아플 경우에도 프로젝트를 계속할 수 있도록 하기 위해서 취한 조치야. 그들은 이렇게 하면 자신들이 연구한 것이 안전하리라고 믿었어. 왜냐하면 그들끼리 은밀하게 결탁하여 훔칠 일이 결코 없을 것이기 때문이지."

"듀보브 씨, 과학자들에게 그 사건에 대해 물어보았나요?"

"그래, 라비. 사실 나는 그들 각각에게 개별적으로 물어보았어.

그런데 아무도 이 사건에 대해 조금도 아는 게 없다고 하더군. 물론, 사건이 일어나자마자 곧바로 5명의 과학자들에게서 열쇠를 모두 몰수했어. 그때 보니까 에그랜드 박사가 다른 과학자들에 비해 한 개의 열쇠를 덜 가지고 있었어. 그는 최근에 열쇠를 사용하지 않았기 때문에 잃어버린 것을 모르고 있었다고 하더군. 그는 그 열쇠를 누가 가지고 있는지 모르고 있고, 다른 과학자들에게도 말하지 않았다고 했어. 나는 에그랜드 박사와 이것이 내부 소행인지 또는 경쟁 회사에게 도둑맞은 것인지 연구해 봤지만 아무리 해도 모르겠어. 열쇠를 잃어버린 사람이 에그랜드 박사뿐이기 때문에 그는 믿을 수 있다는 생각이 들었거든."

라비는 듀보브 씨의 설명을 열심히 들은 뒤 눈을 반쯤 감은 채 생각에 잠겨 마당을 왔다 갔다 했다. 잠시 후, 그는 듀보브 씨를 올려다보며 말했다.

"듀보브 씨, 저를 금고가 있는 곳으로 데려가 주시겠어요? 그리고 가지고 계신 열쇠를 모두 주시면 누가 열쇠를 훔쳤는지 알아낼 수 있을 것 같아요."

**라비는 정말로 범죄행위를 밝혀낼 수 있었다. 어떻게 했을까?**

# 사건 분석

대부분의 수학 문제들을 살펴보면, 하나의 답을 구하도록 하는 것들이 있는가 하면, 단지 한 개의 답만이 존재한다는 것을 증명하라고 하는 것들도 있다. 이 문제는 두 번째 유형이다.

우리는 지금부터 면밀한 분석을 통해 라비가 어떻게 그 범죄행위를 밝혀냈는지, 또 우리가 라비의 상황에 놓이면 어떻게 해결할 수 있는지에 대해 알아보기로 하자.

분석은 과학자들이 고안한 보안 시스템을 이해하고 있는지에 달려 있다. 보다 편리하게 분석하기 위해 과학자들을 언급할 때 그들 이름의 머리글자를 따 A(알퍼스 박사), B(베테 박사), C(케드릭 박사), D(돕킨스 박사), E(에그랜드 박사)를 사용하기로 하자.

과학자들이 고안한 금고의 자물쇠와 열쇠 시스템에서 그들 중 임의의 두 사람이 함께 금고를 열 수 없으며 임의의 세 사람이면 열 수 있도록 하려면, 자물쇠는 모두 몇 개가 있어야 할까? 또 과학자들은 각각 몇 개의 열쇠를 가지고 있어야 할까?

이와 같은 자물쇠와 열쇠의 배열에 대한 정보는 그 범죄행위를 밝히는 데 어떻게 사용될까?

# 사건 해결

연구소의 보안 시스템은 2명씩 짝지은 과학자들 (A, B), (A, C), …, (D, E) 중 어떤 한 그룹만으로는 금고를 열 수 없도록 고안되어 있다. 이것은 짝을 지은 2명의 과학자가 각자 자신들이 가지고 있는 열쇠를 모두 사용해도 반드시 열 수 없는 한 개의 자물쇠가 있도록 보안 시스템을 설계했기 때문이다. 보안시스템을 이와 같이 설계하기 위해서는 5명의 과학자 A, B, C, D, E 중에서 2명씩 짝을 지어 그룹을 구성할 수 있는 수만큼의 자물쇠가 필요하다는 것을 알 수 있다.

$$\binom{5}{2} = \frac{5!}{2!3!} = 10$$

즉 10개의 자물쇠가 필요하다. 여기서 각 자물쇠에 그 자물쇠를 열 수 없는 두 명의 과학자 이름의 머리글자가 새겨져 있다고 가정하자. 따라서 어떤 2인조 과학자들과 함께 금고를 열려고 할 때, 그들은 자신들이 가진 열쇠로 금고를 열 수 없는 한 개의 자물쇠(자신들의 이름의 머리글자가 새겨진 자물쇠)가 있다는 것을 알게 될 것이다.

이번에는 과학자들이 각각 몇 개의 열쇠들을 가지고 있어야 하는지를 계산해 보자. 이를 위해 한 명의 과학자, 예를 들어 과학자 E를 중심으로 하여 살펴보기로 하자. 그가 (A, B)의 2인조 과학자들과 함께 금고를 열기로 한다고 할 때, 일단 그들 세 명은 금고 안으로 들어갈 수 있어야 한다. 그러므로 과학자 E는 자물쇠 AB의 열쇠를 가지고 있어야 한다. 이 자물쇠는 A, B 두 사람이 열 수 없기 때문이다. 이 상황은 과학자 E가 임의의 다른 2인조 과학자들과 함께 금고를 여는 경우에도 마찬가지이다. 그러므로 과학자 E는 그를 제외한 나머지 과학자 4명이 만들 수 있는 임의의 2인조 과학자들의 라벨이 붙어 있는 열쇠를 가지고 있어야 한다.

$$\binom{4}{2} = \frac{4!}{2!2!} = 6$$

그러므로 회사의 보안 체계는 10개의 자물쇠가 필요하며 5명의 과학자가 각각 6개의 열쇠를 가지고 있어야 한다. 이 상황을 보다 구체적으로 설명하기 위하여, 마찬가지로 과학자 E의 경우로 제한하기로 하자. 과학자 E는 6개의 자물쇠 AB, AC, AD, BC, BD, CD의 열쇠를 가지고 있어야 한다. 반면 나머지 4개의 자물쇠 AE, BE, CE, DE의 열쇠는 가지고 있지 않다. 이 상황은 나머지 4명의 과학자들에 대해서도 마찬가지이다.

상황을 구체적으로 분석해 보자. 우선 10개의 자물쇠는 다음과 같다.

AB, AC, AD, AE,

BC, BD, BE,

CD, CE,

DE

여기서 과학자 A는 열쇠 BC, BD, BE, CD, CE, DE를 가지고 있는 반면, 과학자 B는 열쇠 AC, AD, AE, CD, CE, DE를 가지고 있을 것이다. 이때 이 두 명의 과학자는 서로 상대방이 가지고 있지 않은 열쇠를 3개씩 가지고 있다는 것을 알 수 있다. 즉 과학자 A는 BC, BD, BE를 가지고 있고, 과학자 B는 AC, AD, AE를 가지고 있다. 또 같은 자물쇠를 열 수 있는 열쇠 CD, CE, DE를 함께 가지고 있다는 것도 알 수 있다. 따라서 두 명의 과학자 A, B가 함께 금고를 열려고 할 때, 그들은 모두 9개의 열쇠를 가지고 있는 셈이 된다. 그러므로 그들이 생각을 같이하면, 모두 9개의 자물쇠를 열 수 있다. 하지만 자물쇠 AB를 열 수 없다.

한편 과학자 E는 열쇠 AB, AC, AD, BC, BD, CD를 가지고 있다. 과학자 E가 2인조 과학자들(A, B)과 함께 금고를 열려고 할 때, 과학자 A와는 열쇠 BC, BD, CD가 겹치게 되며, 과학자 B와는 열쇠 AC, AD, CD가 겹치게 된다. 이것으로 보아 과학자 E가 가지고 있는 6개의 열쇠 중 5개의 열쇠 AC, AD, BC, BD, CD는 두 명의 과학자들(A, B)이 이미 가지고 있다. 그러나 아래 표에서와 같이 그는 두 명의 과학자 A, B가 가지고 있지 않은 열쇠 AB를 가지고 있으며, 이것으로 3명이 함께 금고를 열 수 있다. 이 상황은 다른 임의의 2인조 과학자들이 또다른 제3의 과학자와 함께 금고를 열려고 하는 경우에 대해서도 마찬가지로 성립한다.

|   | AB | AC | AD | AE | BC | BD | BE | CD | CE | DE |
|---|----|----|----|----|----|----|----|----|----|----|
| A |    |    |    |    | O━ | O━ | O━ | O━ | O━ | O━ |
| B |    | O━ | O━ | O━ |    |    |    | O━ | O━ | O━ |
| C | O━ |    | O━ | O━ | O━ | O━ |    |    |    | O━ |
| D | O━ | O━ |    | O━ | O━ |    | O━ |    | O━ |    |
| E | O━ | O━ | O━ |    | O━ | O━ |    | O━ |    |    |

이 보안 시스템을 이해하기 위해, 라비는 먼저 10개의 자물쇠 각각에 라벨을 붙였다. 그런 다음, 5명의 과학자들에게서 몰수한 열쇠들로 열리는 자물쇠를 확인하고 열쇠에 라벨을 붙이기 시작했다. 결국 라비는 앞에서 한 것처럼 열쇠들을 분류하고, 에그랜드 박사가 AB 열쇠를 잃어버렸다는 것을 알게 되었다. 물론 그 열쇠만으로는 한 명의 과학자가 연구 결과물을 훔칠 수 없지만,

어떤 2인조 과학자들과 함께 금고를 열려고 하면 도움이 될 수 있다. 라비는 바로 그 2인조 과학자들이 (A, B)일 경우에만 금고를 열 수 있다는 것을 확인했다. 따라서 라비는 알퍼스 박사와 베테 박사가 연구 결과물을 훔치기로 공모했다는 결론을 내리게 되었다.

이와 같은 분석은 임의의 홀수 명의 과학자들과 관련된 이번 사건과 같은 유형의 문제에 대해서는 언제든지 적용할 수 있다. 예를 들어, 11명의 과학자가 자물쇠와 열쇠가 있는 보안 시스템을 고안하고 이들 중 최소 6명이 모이면 금고를 열 수 있도록 했다면 이 보안 시스템에는 모두 462개의 자물쇠가 있어야 한다.

$$\binom{11}{5} = \frac{11!}{5!6!} = 462$$

또 11명의 과학자들은 각각 $\binom{10}{5}$=252개의 서로 다른 열쇠를 가지고 있어야 한다. 따라서 이 보안 시스템은 정교하기는 하지만, 과학자들의 인원수가 많은 경우에는 비실용적임을 알 수 있다.

이 사건을 해결하는 과정을 통해 우리는 어려운 문제에 직면했을 때 논리적이고 단계적으로 생각하는 것이 매우 유용하다는 것을 알게 되었다. 이제 여러분은 라비의 논리학 시험 문제에 대한 답을 알겠는가? 라비는 시험지에서 문제를 읽을 수 없었지만, 선다형 답지는 읽을 수 있었다.

A) 아래에 있는 것 모두 다

B) 아래에 있는 것 어느 것도 아니다

C) 위에 있는 것 모두 다

D) 위에 있는 것 중에서 하나

E) 위에 있는 것 어느 것도 아니다

F) 위에 있는 것 어느 것도 아니다

종종 우리는 문제를 본 다음, 어디에서 시작해야 할지 모르는 경우가 있다. 그럴 경우에는 때때로 처음부터 시작하고 생각하는 것이 유용하기도 하다.

만약 답지 A가 참이면, B에서 F까지의 모든 답지 역시 참이 된다. 이때 B가 참이면, C에서 F까지 모두 거짓이 되어야 하므로 모순에 빠진다. 그러므로 A는 답이 아님을 알 수 있다.

만약 B가 참이면, D는 거짓이 되어야 한다. 그러나 D를 부정한 '위에 있는 것 중에서 어느 것도 아니다'라는 것은 B를 선택할 수 없다는 것을 의미하므로 다른 모순에 빠지게 된다. 따라서 B도 답이 아니다.

답지 C는 A가 참이라는 것을 의미한다. 하지만 이미 A가 참이 아니라는 것을 보였기 때문에, C도 답이 아니다. 이때 A, B, C가 답이 아니므로 D도 참이 아니라는 것을 알 수 있다. 여기서 만약 F가 참이면, A에서 E까지 모두 거짓이다. 이것은 A에서 D까지 내용이 모두 거짓이라는 것을 의미하므로 E가 참이라는 것을 의미한다. 이런 모순 때문에 답지 F도 참이 아니다. 그러므로 E가 정답이다!

# 카지노에서 일어난 살인 사건

라비는 라스베이거스에 머무는 것이 특별히 즐겁지는 않았다. 그의 아버지는 〈지방 검사들을 위한 DNA 포럼〉이라고 부르는 총회에 참석하기 위해 라스베이거스에 오면서 가족을 데리고 왔다. 이번 회의의 목적은 지방 검사들에게 사건을 해결할 때 검출하는 DNA의 정보를 제공하는 것이다. 어쨌든, 라비의 아버지는 회의가 끝난 후 '세계에서 가장 행복한 장소'를 방문하기 위해 로스앤젤레스로 운전해 갈 것이라고 말했다. 그런 다음 캘리포니아 공과대학을 방문한 후, 디즈니랜드에 들를지도 모른다.

　라비는 어머니, 이모와 함께 화려한 라스베이거스 환락가를 가는 대신 아버지와 함께 몇몇 강연을 듣기로 했다. '무엇이든 배우는 것이 더 낫지'라는 생각이었다.

　둘이서 'DNA 분석을 위한 머리카락 샘플을 수집하고 보존하는 올바른 방법에 대하여'라는 주제의 강연을 듣는 동안, 라비의 아버지가 지닌 휴대용 무선호출기로 연락이 왔다. 그들은 조용히 강연장을 빠져나왔다. 라비의 아버지가 공중전화 부스로 가는 동안 라비는 나이가 지긋한 여성이 25센트짜리 동전 한 뭉치를 들고 슬롯머신의 손잡이를 당기는 것을 지켜보았다. 잠시 뒤 라비의 아버지가 무언가 다급해 보이는 발걸음으로 되돌아왔다.

"무슨 일이에요, 아빠?"

"갬빗이라는 새로 문을 여는 카지노에서 살인 사건이 났어. 오늘밤 개업하기로 되어 있었다는 거야. 거기 사장인 조슬릭 밤비노를 일리노이 주의 지방 검사가 있는 경찰서에서 사기행위로 수사하고 있지만, 유죄를 입증할 만한 충분한 증거를 찾지 못했어."

라비는 곧바로 흥미가 생겼다. 어제 점심을 먹으면서 읽었던 잡지 〈라스베이거스 선〉에 곧 있을 갬빗의 개업식날 밤 행사에 대한 기사가 실려 있었다. 조 밤비노는 그날 밤에 한 번만 할 수 있는 '승산은 당신 편The Odds are in Your Favor'이라 부르는 홍보용 게임을 진행하기로 했었다. 추첨에 당첨된 한 운 좋은 참가자가 개업날 밤에 그 게임을 할 것이다. 그 참가자는 게임을 시작하기 전에 원하는 만큼의 돈을 걸어야 한다. 이때 돈은 $1,000,000까지만 걸 수 있으며 이것이 바로 그의 판돈이 된다. 게임은 다음 방법에 따라 진행된다.

(1) 100장의 카드를 사용하며, 그중에서 55장의 한쪽 면에는 '성공'이라는 말이 적혀 있고, 45장의 한쪽 면에는 '실패'라는 말이 적혀 있다.

(2) 100장의 카드를 완벽하게 뒤섞은 다음 '성공'과 '실패'라는 글씨가

보이지 않게 카드를 뒤집어 테이블 위에 놓는다.

(3) 참가자는 항상 현재 판돈의 절반을 건다.

(4) 만약 참가자가 '성공' 카드를 뒤집으면 (3)에서 건 돈의 액수만큼을 더 받게 된다. 따라서 참가자가 갖게 되는 돈의 총 액수는 처음의 판돈에 그 절반만큼을 더한 것이 된다. 그러나 '실패' 카드를 뒤집으면 걸었던 돈을 잃게 된다. 이때 참가자가 갖게 되는 돈의 총 액수는 처음의 판돈에서 그 절반만큼을 뺀 것이 된다.

(5) 참가자는 매회 1장의 카드만 뒤집을 수 있으며 모든 카드를 다 뒤집어야 게임이 끝난다. 게임이 끝난 후 참가자는 상금을 가지고 귀가하면 된다.


갬빗 카지노에 도착해 라비의 아버지가 지방 검사 뱃지를 꺼내어 보이자, 경비원이 펜트하우스에 있는 사무실로 안내했다. 사무실 마룻바닥에 테이프로 신체의 실루엣을 따라 붙여놓은 것이 보였다. 슬릭 씨의 시체가 놓여 있던 곳인 것 같았다.

경관 중 한 명이 그들에게 다가왔다. 그는 라비를 본체만체 하고 라비의 아버지에게 말을 걸었다.

"와 주셔서 감사드립니다. 슬릭 씨 사건에 대해 알려 드리려고요. 당신이 근무하는 경찰서에서 잠시 그를 수사했다고 들었거든요."

"감사합니다."

라비의 아버지가 대답했다.

"용의자가 누구인지 알고 있나요?"

"아니요. 전혀요."

경관이 대답했다.

"그의 사무실 문손잡이에서 3개의 지문을 떠서 그들의 신원을 파악해 놓았어요. 하나는 그의 전부인 것인데, 그녀는 상당한 양의 위자료를 아직 받지 못했어요. 두 번째 지문은 모티 화이트 씨의 것으로, 여행 중인 그는 오늘 밤 '승산은 당신 편' 게임에 당첨된 사람이에요. 그는 플로리다 주 탐파에서 온 회계사이고 이미 게임을 하기 위해 갬빗에 $100,000를 걸었어요. 세 번째 지문은 바로 이웃에서 불 프로그 카지노를 운영하는 토비 가르시아라는 사람의 것이에요. 거리에 떠도는 소문에 의하면, 토비 씨는 갬빗의 개업을 상당히 우려했고, 적어도 자신이 운영하는 카지노의 손님 절반을 잃게 될 것이라고 생각했다고 합니다.

저희는 이 사건에서 화이트 씨를 거의 배제하고 있어요. 그를 심문했을 때, 오늘 밤 홍보용 게임에서 큰돈을 벌게 될 거고, 슬릭 씨를 죽일 이유가 없다고 말했거든요. 전부인은 슬릭 씨가 그녀에게 $600,000의 돈을 아직 주지 않았다고 말하더군요. 그녀는 알리바이가 없어요. 하지만 그녀의 변호사에 따르면, 그녀는 이자를 붙여서 $600,000를 받으려 했다고 해요. 슬릭 씨는 10년에 걸쳐 $600,000를 연이율 6%로 1년에 4번씩 복리로 계산해 이자와 함께 그녀에게 지불하고 있어요. 그녀는 자신이 슬릭 씨를 죽이면 위자료를 전혀 받을 수 없기 때문에 죽였을 리가 없다고 말하고 있어요. 그런데 우리는 슬릭 씨의 유언장에서 그녀에게 $1,000,000를 남겼다는 것을 알아냈어요. 물론 그녀는 그것을 몰랐다고 말하고 있지만요."

경관이 잠시 설명을 중단하고 숨을 고른 뒤 다시 말을 이었다.

"지금 불 프로그 카지노에서는 몇 명의 경관이 가르시아 씨와 이야기하고 있어요. 그가 유력한 용의자이긴 하지만 그는 알리바이가 있어요. 불 프로그의 바텐더와 몇 명의 고객들이 그가 지난밤 내내 거기에 있었다고 말해 주었어요. 어쨌든, 우리는 곧 그 알리바이가 거짓이라는 것을 밝혀내리라고 확신하죠."

흥미로움과 걱정스런 마음이 뒤섞인 채 경관이 말하는 것을 듣고 있던 라비는 아버지에게 기대며 말했다.

"아빠, 저 경관은 진심으로 그렇게 생각하는 걸까요?"

"그래, 라비. 왜, 뭐가 잘못됐니?"

라비는 아버지를 쳐다보며 말했다.

"아빠, 제 생각에 살인범은……."

**과연 라비는 누구를 의심하고 있으며 그 이유는 무엇일까?**

이 사건의 해결은 다음 질문에 대한 답변과 관련이 있다.

여러분이 '승산은 당신 편' 게임을 하기 위해 $100,000를 건다면, 게임이 끝난 후에 갖는 돈은 얼마일까?

# 사건 해결

이 질문의 답을 구하기 전 먼저 여러분이 카드를 집는 순서는 문제가 되지 않는다는 것을 알아야 한다. 예를 들어, 여러분이 처음에 $100를 걸고 성공 카드를 뒤집으면 $150를 갖게 될 것이다. 그다음에 실패 카드를 뒤집으면 여러분이 갖는 돈은 $75가 된다. 하지만 여러분이 맨 처음에 실패 카드를 뒤집으면 $100는 $50로 줄어든다. 그다음에 바로 성공 카드를 뒤집으면, 여러분이 갖는 돈은 $75가 된다. 따라서 순서에 상관없이 연달아 성공 카드-실패 카드 두 장을 뒤집으면 항상 여러분이 갖는 돈은 판돈의 $\frac{3}{4}$으로 줄어든다. 이것은 여러분이 건 판돈을 Q라고 할 때, 성공 카드를 뒤집으면 판돈이 $\frac{3}{2}$Q가 되고, 그다음에 실패 카드를 뒤집으면 $\frac{3}{2}$Q의 절반, 즉 $\frac{1}{2}\left(\frac{3}{2}Q\right)=\frac{3}{2}\left(\frac{1}{2}Q\right)=\frac{3}{4}$Q만큼의 돈을 갖게 되기 때문이다. 문제를 더 깊이 조사하거나 귀납법으로 증명해 보면 주어진 카드를 뒤집는 순서가 최종 결과에 영향을 미치지 않는다는 것을 알게 될 것이다.

따라서, 여러분이 판돈 Q를 걸고 55장의 성공 카드와 45장의 실패 카드를 모두 뒤집고 나면 여러분은 결국 다음 액수만큼의 돈을 갖게 된다.

$$Q\left(\frac{3}{2}\right)^{55}\left(\frac{1}{2}\right)^{45} = Q\left(\frac{3}{2}\right)^{10}\left(\frac{3}{2}\right)^{45}\left(\frac{1}{2}\right)^{45} = Q\left(\frac{3}{2}\right)^{10}\left(\frac{3}{4}\right)^{45}$$

마치 10회에 걸쳐 성공 카드를 뒤집은 다음, 순서에 상관없이 성공 카드-실패 카드를 연달아 뒤집는 것을 1회로 하여 45회에 걸쳐 뒤집은 것처럼 말이다.

그래서 만약 $100,000를 걸고 게임을 시작한다면, 결국 다음과 같은 돈만이 남게 된다!

$$\$100,000 \times \left(\frac{3}{4}\right)^{45}\left(\frac{3}{2}\right)^{10} = \$13.76$$

라비는 화이트 씨가 '승산은 당신 편' 게임을 하면 그의 돈 전부를 거의 잃으리라는 것을 재빨리 알아챘다. 또 회계사인 화이트 씨도 결국 같은 결론을 내렸음에 틀림없다는 것도 깨달았다. 불행하게도 자신이 평생 저축한 돈을 게임을 위해 건 다음에 말이다. 그 게임 규칙을 들은 대부분의 사람들과 마찬가지로, 화이트 씨도 처음에는 많은 돈을 벌게 될 것이라고 생각했다. 이런 오해를 하게 된 것은 슬릭 씨가 그것을 '홍보용 게임'이라고 부르는가 하면 추첨을 통해 게임할 사람을 뽑으면서 사람들을 부추긴 데에 있었다. 그래서 그가 돈을 잃지 않기 위한 유일한 방법은 슬릭 밤비노를 살해하는 것이었다. 라비는 경찰에게 자신이 추측한 것을 모두 설명했다. 결국 화이트 씨는 본성이 악한 사람이 아니기에 바로 자백하고 자신의 죄를 인정했다.

게임 '승산은 당신 편'을 끝내고 나타난 의외의 결과는 매우 놀라웠다. 이것을 수학적으로 조금 더 깊이 있게 살펴보기로 하자.

다시 한번 게임의 규칙을 생각해 보자. 어떤 사람이 판돈 $M$을 걸고 게임을 시작한다. 그는 매회 자신이 가지고 있는 돈의 절반을 건다. 만약 그가 성공하면 건 돈만큼을 더 받는 반면, 실패하면 건 돈을 모두 잃는다. 그가 $n$번 게임을 하여 이 중에서 $x$번 성공한다고 하자. 이때 $n$번의 게임을 끝내고 그가 갖게 되는 돈은 다음과 같다.

$$M(n) = M \left( \frac{3}{2} \right)^{x} \left( \frac{1}{2} \right)^{n-x}$$

만약 게임 참가자가 판돈보다 돈을 적게 갖게 되면 우리는 그가 돈을 잃었다고 말할 것이다. 그렇다면 그가 돈을 잃지 않으려면 $n$번의 게임 중에서 몇 번을 성공해야 할까?

이 질문에 답하기 위하여, $n$번 게임을 끝낸 후 갖게 되는 돈이 판돈과 같아지는, 즉 이익도 손해도 보지 않는 게임 횟수 $x$를 다음 절차에 따라 계산해 보자.

$$M\left(\frac{3}{2}\right)^{x}\left(\frac{1}{2}\right)^{n-x}=M$$

양변에서 $M$을 약분하여 없애고, 지수법칙 $\left(\dfrac{b}{a}\right)^{c}=\dfrac{b^{c}}{a^{c}}$, $a^{b}a^{c}=a^{b+c}$에 따라 식을 다시 나타내면 다음과 같다.

$$\left(\frac{3}{2}\right)^{x}\left(\frac{1}{2}\right)^{n-x}=1$$

$$\frac{3^{x}}{2^{x}}\cdot\frac{1^{n-x}}{2^{n-x}}=1$$

$$\frac{3^{x}\cdot 1^{n-x}}{2^{x}\cdot 2^{n-x}}=\frac{3^{x}\cdot 1}{2^{x+(n-x)}}=\frac{3^{x}}{2^{n}}=1$$

$$3^{x}=2^{n}$$

이제 양변에 자연로그를 취하고, 로그의 성질 $\ln a^{b}=b\ln a$에 따라 식을 정리하면 다음과 같다.

$$\ln 3^{x}=\ln 2^{n}$$

$$x\ln 3=n\ln 2$$

$$x=n\cdot\frac{\ln 2}{\ln 3}$$

따라서 $n$번의 게임 중에서 성공 횟수가 위의 값보다 작으면, 참가자는 돈을 잃게 되며, 반대로 크면 판돈보다 더 많은 돈을 벌게 될 것이다.

이때 $\frac{\ln 2}{\ln 3} = 0.63093$이다. 만약 성공 횟수 $x$가 $0.63093n$보다 작은 임의의 정수이면, 게임 참가자는 돈을 잃게 되는 위치에 놓인다. 여기서 우리는 분수 횟수의 게임을 생각할 수 없기 때문에, 실수 $0.63093n$에 가장 가까우면서도 작은 정수를 생각하기로 한다. 이것을 $0.63093n$의 계단함수라 하고, $F(n)$으로 나타낸다. 따라서 $n = 100$이면 $F(n) = 63$이다. 그러므로 게임 참가자가 100번의 게임 중 63번 성공하면 매우 약간의 액수만큼 돈을 잃게 되며, 64번 성공하면 판돈보다 더 많은 돈을 벌게 될 것이다. 이것이 진실인지 실제로 확인해 보자.

$$\left(\frac{3}{2}\right)^{63}\left(\frac{1}{2}\right)^{37} = 0.9029 \text{는 1보다 작다.}$$

반면에, $\left(\frac{3}{2}\right)^{64}\left(\frac{1}{2}\right)^{36} = 2.7087$이다.

따라서 실제로 승산은 화이트 씨 편이 아니었던 것이다. 그는 돈을 잃지 않기 위해 55장이 아닌 64장의 성공 카드를 뒤집어야 한다.

여기서, 조금 더 어려운 문제를 생각해 보자. 지금까지는 카드에 '성공' 또는 '실패'라고 나타냄으로써 성공과 실패의 횟수가 정해져 있었다. 만약 한 게임 참가자가 1회의 게임에서 성공할 확률이 $p$인 내기 게임을 할 때, $n$회의 반복되는 내기 게임에서 그가 돈을 잃게 될 확률 $P(n)$은 $p$를 사용하여 어떻게 계산할 수 있을까?

게임 참가자가 $F(n)$ 이하의 어떤 수든지 그 횟수밖에 성공하지 못하면 그는 돈을 잃게 될 것이다. 따라서 돈을 잃게 될 확률은 0게임, 1게임, 2게임, …, $F(n)$ 게임의 각 횟수에 대해서 성공할 확률을 계산한 다음 모두 더해야 한다. 이것을 계산하기 위하여, '농구 선수들의 조편성 속임수'의 사건 해결에서 다루었던 수학을 상기해 보자. $p$를 사용하여 돈을 잃게 될 확률 $P(n)$을 다음과 같이 나타낼 수 있다.

$$P(n) = \sum_{x=0}^{F(n)} \binom{n}{x} p^x (1-p)^{n-x}$$

이때 게임 참가자가 이익을 볼 확률은 $1 - P(n)$이다.

마지막으로 손익분기점의 계산에서 $\dfrac{x}{n} = \dfrac{\ln 2}{\ln 3}$이고, 이것은 분수 횟수의 게임에서 성공한 경우를 나타낸다. 그러므로 $p = \dfrac{\ln 2}{\ln 3}$이면, 돈을 잃게 될 확률은 50%에 매우 가까워지게 될 것이다.

슬릭 밤비노의 전부인도 그를 살해할 만한 동기를 가지고 있었
을지도 모른다. 만약 그가 죽는다면 그녀는 $1,000,000를 상속받
는 반면, 그가 살아 있으면 그녀는 10년에 걸쳐 $600,000를 연이
율 6%로 1년에 4번씩 복리로 계산하여 함께 받게 되어 있기 때
문이다. 그렇다면 슬릭 씨가 살아 있는 경우와 죽을 경우 중 슬릭
씨의 전부인이 더 많은 돈을 받게 되는 때는 언제일까?

원금 $P$를 연이율 $r\%$의 복리로 저축하면, 1년 후에는 $P\left(1+\dfrac{r}{100}\right)$
이 된다. 또다시 1년이 지난 뒤의 돈은 다음과 같다.

$$\left[P\left(1+\frac{r}{100}\right)\right]\left(1+\frac{r}{100}\right)=P\left(1+\frac{r}{100}\right)^{2}$$

그리고 $n$년이 지난 후에 원금은 $P\left(1+\dfrac{r}{100}\right)^{n}$ 으로 변한다.

한편 이자를 연 4회 복리로 계산하면 4분기마다 이율 $\dfrac{r}{4}\%$의 이
자가 붙는다. 즉 10년에 걸쳐, 원금은 40회의 복리로 계산한다. 따

라서 밤비노의 전부인은 다음의 액수만큼 돈을 받게 될 것이다.

$$\$600{,}000 \cdot \left(1 + \frac{6}{4 \cdot 100}\right)^{40} = \$1{,}088{,}411.05$$

그러므로 그녀는 위자료에 이자를 더하여 더 많은 돈을 받게 되므로 슬릭 씨를 죽일 만한 동기는 없었을 것이다.

$$D_n = \left[\frac{n!}{e}\right]$$

라비의 집에서는 종종 저녁 식사 시간에 아버지가 재판에 회부 중인 사건이나 재판을 준비 중이지만 증거가 확실하지 않아 곤란을 겪고 있는 사건을 화제로 꺼내고는 한다. 오늘 저녁도 그런 날이었다.

　라비의 아버지는 사건에 대해 고민할 때마다 말수가 적어지고 식사의 양도 줄어든다. 라비의 어머니는 라비를 쳐다보며 미소 지었다. 두 사람은 머지 않아 아버지가 라비의 의견을 묻기 위해 사건의 전말을 자세히 이야기하리라는 것을 알고 있었다.

　"라비,"

　아버지가 말을 시작했다.

　"네 의견을 좀 말해다오."

　"네, 아빠."

　"오늘 10명의 학생이 돕슨 대장을 찾아와 경마장에서 사기 당했다고 호소하면서 산 시모네 경마장 사장인 토니 라벨르 씨를 체포해 달라고 했어. 이야기를 듣고 나서 돕슨 대장은 학생들의 말을 믿고 라벨르 씨를 체포하려 했지만 충분한 증거를 찾지 못했다고 하더군. 그래서 심문을 하기 위해 라벨르 씨를 데려왔다는 거야."

"좀 더 자세히 이야기해 주세요, 아빠."

"이 학생들은 아카디아 중학교에 다니고 있는데, 방과 후 활동이 정말이지 너무 지루해서 조금이나마 재미있는 체험학습을 하고 싶다고 투덜거렸다는 거야. 그러자 교장인 온쏠 박사가 경마장에 가서 몇 개의 경마에 돈을 걸어보는 현장학습을 제안했다고 하더군. 부모님들의 허락을 받은 후, 그들은 학교 밴을 타고 경마장에 갔어. 부모님들이 했던 것처럼 경주 트랙에 얼마씩 걸기를 원하는 학생에 한하여 라벨르가 권하는 새로운 경마 게임인 '경주마 순위 매기기'에 돈을 걸기로 했어. 단지 4마리의 말이 달리는 경마였다고 하더군. 경마가 시작되기 전에 원하는 학생 모두가 각각 $10씩의 돈을 내고 순위 기록카드를 산 다음 말들이 경주를 끝낼 즈음 말들이 도착점에 들어오는 순서를 예측하여 그 순위를 카드에 적어 제출하는 게임이야. 카드에 적은 순위와 실제로 말들이 도착점에 들어온 순서가 맞지 않으면 모두 돈을 잃게 되는 거지. 하지만 학생들이 추측한 예상 순위 중 한 마리의 경주마가 실제로 들어온 순서와 일치하면 $10를 두 마리의 말이 들어온 순서와 일치하면 $20를 세 마리의 말이 들어온 순서와 일치하면 $30를, 네 마리의 말이 들어온 순서와 일치하면 카드를 산 돈의 4배, 즉 $40를 되돌려받게 되어 있다고 했어."

"재미있는 게임이군요, 아빠."

라비가 흥미로운 얼굴로 말했다.

"그런데 학생들은 어떻게 되었어요?"

"학생들은 각자 말들이 들어오는 순서를 추측하여 카드에 빠짐 없이 다 적어 넣었다고 주장하고 있어. 그들은 전에 경마장에 가 본 적이 없었고 달리는 말에 대해서도 전혀 아는 것이 없었기 때문에, 경주마의 순위를 각자 추측하여 써 넣기로 했다는 거야. 그리고 적중 확률을 높이기 위해 서로 다르게 순위를 쓰기로 했다고 하더군. 상금을 타면 서로 분배하기로 하고서 말이야. 학생들이 카드에 적은 순위가 모두 달랐다는 것은 온쏠 박사가 확인해 주었어. 그가 학생들을 대신하여 창구에 순위 기록카드를 가져다주었다고 하더라고. 경마가 끝난 후, 점심 식사를 하기 위해 카페테리아로 갔어. 그런 다음 상금을 받기 위해 창구로 갔다고 해. 그런데 토니 라벨르가 그들 중 어느 누구도 순위와 일치하는 학생이 없었다고 하면서 조금도 돈을 주지 않았다는 거야."

아버지가 대답했다.

"그래요? 학생들이 자신의 카드에 어떻게 순위를 작성했는지 그 증거를 전혀 가지고 있지 않나요?"

"가지고 있기로 되어 있지만 글쎄……."

아버지가 대답했다.

"각 순위 기록카드는 모두 사본이 있는데, 이것이 영수증의 역할을 하는 거지. 문제는 학생들이 그 사본을 모두 잃어버렸다는 거야. 그날 체험학습에 같이 갔던 학생 중 지기 프라이스가 그 사본을 모두 가지고 있었는데, 그만 깜빡 잊고 라벨르 씨의 방 카운터 위에 두고 나왔다지 뭐야. 학생들이 사본을 찾으러 그 방에 갔을 때는 이미 보이지 않았다고 하더군. 여하튼, 그들 중 자신들이 작성한 것을 정확히 기억하는 학생은 아무도 없어. 학생들은 계속 서로 이야기를 나누었지만 그저 당황스러워할 뿐이었어. 하지만 몇 명은 자신들이 추측하여 작성한 순위에 맞게 도착점에 들어온 말이 있다고 주장해. 라벨르는 학생들이 사본을 가지고 있지 않다는 것을 눈치채고, 자신이 카드를 모두 확인한 결과 말들이 들어온 순서와 일치하도록 작성된 카드가 하나도 없었다고 주장하고 있어. 그리고 순위 기록카드는 경주가 끝난 후에 모두 찢어 버렸다고 하더군."

"그가 그렇게 말했어요?"

라비가 물었다.

"그래, 돕슨이 라벨르 씨를 심문하는 과정에서 그가 작성한 진술서를 내가 가지고 있거든."

라비의 아버지가 계속 말을 이었다.

"돕슨은 그가 사취한 것이 틀림없다고 말하고 있지만, 우리는 그를 체포할 만한 증거를 전혀 가지고 있지 않아."

"아빠, 돕슨 대장에게 말해서 라벨르 씨의 구속영장을 작성하라고 하세요. 그가 거짓말하는 게 확실해요."

라비가 식사 후의 디저트가 무엇인지를 궁금해 하면서 말했다.

라비가 가지고 있는 증거는 무엇일까? 또 라벨르가 범인이라는 사실을 어떻게 알았을까?

# 사건 분석

10명의 학생과 온쏠 박사는 확실하게 10장의 순위 기록카드 각각에 적힌 4마리 경주마의 순위가 서로 달랐다고 이야기하고 있다. 반면 라벨르는 말들이 들어온 순서를 학생들 모두 단 한 장의 카드도 정확히 추측하지 못했다고 주장하고 있다.

이 사건을 문제로 변형하기 위하여, 실제로 4마리의 말이 경주를 끝내고 도착점에 들어온 순서대로 1번 말, 2번 말, 3번 말, 4번 말이라고 하자. 즉 1번 말은 1위로 들어온 말이고, 4번 말은 맨 꼴찌로 들어온 말이다. 이때 학생들이 추측하여 적어 넣은 경주마의 순위는 이렇게 붙인 말들의 번호를 괄호 { } 안에 차례대로 표기해 나타내기로 한다. 따라서 경주 결과를 정확하게 추측하여 나타내려면 {1, 2, 3, 4}와 같이 작성해야 한다. 이 순서에 따라 카드를 작성한 학생은 첫 번째 자리에 있는 말이 실제로 1위로 들어왔고, 두 번째 자리에 있는 말이 2위로 들어왔으며, 세 번째 자리에 있는 말이 3위로, 네 번째 자리에 있는 말이 4위로 들어왔다고 정확히 추측한 것이 된다. 10명의 학생들은 각각 1위에 한 마리의 말을, 2위에는 다른 말을, …과 같이 추측하면서 순위 기록카드를 채워 넣었다. 이때 경주마에 대해 학생들이 추측하여 순위 기록카드에 나타낸 것은 모두 1, 2, 3, 4를 사용하여 {1, 2, 3, 4}, {2, 3, 1, 4}, {4, 1, 3, 2}, …와 같이 한 줄로 나열한 순열과 같다.

물론, 학생들 중에는 경주마가 실제로 도착점에 들어온 순서와 전혀 맞지 않게 예상 순위를 작성한 학생이 있을 수도 있다. 예를 들어, 순위 기록카드에 {2, 3, 4, 1}이라고 작성한 경우는 2번 말(실제로는 2위로 경주를 끝낸 말)이 1위로 들어오고, 3번 말(실제로는 3위로 경주를 끝낸 말)이 2위로, 4번 말이 3위로, 1번 말이 4위로 들어오리라고 추측한 것을 나타낸 것이다. 이와 같이 추측한 경우는 실제의 정확한 순위와 하나도 일치하는 말이 없다는 것을 의미한다. 수학에서는 이와 같이 나타낸 것을 완전순열 또는 교란순열이라 한다. 만약 {1, 3, 4, 2}와 같이 한 마리의 경주마 순위만 정확히 추측(이 경우에는 1)했다면, 이것은 한 개의 숫자를 고정하고 나머지 수를 한 줄로 나열한 순열과 같다.

라벨르는 학생들 중 어느 누구도 경주마의 정확한 순위에 맞게 추측하지 못했다고 주장했다. 즉 10장의 순위 기록카드 모두가 완전순열에 해당한다는 것이다.

그렇다면, 우리가 생각해야 할 문제는 다음과 같다.

수 1, 2, 3, 4를 사용하여 나타낼 수 있는 완전순열은 모두 몇 개일까?

# 사건 해결

이 문제에서 다루는 수는 모두 4개로 그 개수가 적으므로 직접 나열하여 문제를 해결할 수 있다. $\{1, 2, 3, 4\}$로 나타낼 수 있는 순열을 모두 작성하는 것은 어렵지 않다. 일반적으로 $n$개의 수들을 순서를 생각하며 일렬로 나열하는 방법의 수는 $n! (= n \times (n-1) \times (n-2) \times \cdots \times 3 \times 2 \times 1)$ 가지이므로, 수가 4개일 경우에는 $4! = 24$ 가지의 순열을 만들 수 있다(〈농구 선수들의 조편성 속임수〉에서의 상황과 달리, 순열에서는 순서가 중요하다!). 따라서 이 문제를 해결하기 위해서는 그중에서 완전순열이 몇 개인가를 세면 된다.

여기에서는 보다 일반적으로 임의의 집합 $\{1, 2, 3, \cdots, n\}$에 대하여 이 문제를 해결해 보자. 우선 이 집합의 완전순열의 수를 $D_n$이라 하자.

그리고 이전의 결과에 따라 달라지는 점화식을 이용하여 다음과 같이 $D_n$에 대한 식을 유도해 보자. 만약 어떤 완전순열이 있다면, 이 경우에 1번 말은 자신의 정확한 순위를 할당받지 못할 것이다. 먼저 1번 말이 2위로 배정되는 경우를 조사하자. 이때 2번 말은 다음과 같이 두 가지 경우로 나누어 생각할 수 있다.

(a) 2번 말이 1위로 배정되는 경우
(b) 2번 말이 1위로 배정되지 못하는 경우

(a)의 경우에 맞게 완전순열이 되기 위해서는 $(n-2)$마리의 말도 실제의 순위와 다르게 배정되어야 한다. 이것은 마치 1번 말과 2번 말의 순위가 정해져 있기 때문에, 단지 $(n-2)$마리의 경주마들로 만들 수 있는 완전순열의 개수를 계산하는 것과 같다. 그러므로 이 경우에 완전순열의 개수는 $D_{n-2}$이다.

한편 (b)의 경우에 맞게 완전순열이 되기 위해서는, 2번 말이 1위로 배정될 수 없음은 물론, 3번 말이 3위로, ⋯, $k$번 말이 $k$순위로 배정될 수 없다. 따라서 이 경우에는 오직 한 마리의 경주마(1번 말) 순위만이 미리 결정되므로, 완전순열의 개수는 $D_{n-1}$이다. 이 경우에 2번 말이 2위보다는 1위로 배정될 수 없다는 것은 그다지 중요하지 않다.

위와 같은 방식으로 1번 말이 3위, 4위 또는 $k$순위를 할당받는 경우를 생각할 수 있다. 따라서 완전순열의 개수를 계산할 때, 1번 말이 실제의 정확한 순위에 배정될 수 없는 경우는 모두 $(n-1)$가지이므로 다음과 같은 점화식을 생각할 수 있다.

$$D_n = (n-1)(D_{n-1} + D_{n-2})$$

이제 이 식을 이용하여, $n=4$일 때의 완전순열의 개수인 $D_4$를 계산해 보기로 하자.

우리는 $D_1=0$이라는 것을 알고 있다. 즉, 원소가 딱 한 개만 있는 경우에는 순위를 틀리게 할당할 수 없다. 그리고 $D_2=1$이라는 것도 알고 있다. $\{1, 2\}$에 대하여 순서를 생각하며 나열하는 방법은 $\{1, 2\}$ 또는 $\{2, 1\}$의 두 가지뿐이다. 이때는 $\{2, 1\}$만이 완전순열이다. 그러므로 $D_3$와 $D_4$를 계산하면 다음과 같다.

$$D_3 = 2(D_2 + D_1) = 2(1+0) = 2$$
$$D_4 = 3(D_3 + D_2) = 3(2+1) = 9$$

따라서 4마리의 경주마에 대한 순위를 작성할 때 24가지의 순열 중 9가지의 완전순열이 있게 된다. 이것은 곧 10명의 학생 각자가 서로 다른 순열로 카드를 작성했다면, 적어도 그들 중 하나는 완전순열이 아님을 의미하며, 라벨르가 사인한 진술서는 거짓인 것이다.

# 좀 더 알아보기 1

사건 해결 과정에서 먼저 다룬 점화식을 활용하여, 완전순열에 대한 다른 두 가지 재미있는 문제에 대해 알아보기로 하자.

1. $n$개의 수를 사용하여 나타낼 수 있는 순열 중 완전순열이 될 확률 $P_n$ 은 얼마인가?
2. 몇 개의 다른 완전순열의 개수를 사용하여 구하고자 하는 완전순열의 개수에 관한 식을 세워보았다. 임의의 $n$에 대하여 완전순열의 개수 $D_n$을 보다 빨리 계산하는 식을 구할 수 있는가?

## 문제 1

완전순열이 될 확률은 완전순열의 개수 $D_n$을 순열의 총 개수 $n!$로 나눈 것이다. 따라서 다음과 같은 식이 된다.

$$P_n = \frac{D_n}{n!} = \frac{(n-1)(D_{n-1}+D_{n-2})}{n!}$$

$$= (n-1)\left(\frac{D_{n-1}}{n!} + \frac{D_{n-2}}{n!}\right)$$

$$= (n-1)\left\{\frac{1}{n} \cdot \frac{D_{n-1}}{(n-1)!} + \frac{1}{n(n-1)} \cdot \frac{D_{n-2}}{(n-2)!}\right\}$$

$$= (n-1)\left\{\frac{1}{n} \cdot P_{n-1} + \frac{1}{n(n-1)} \cdot P_{n-2}\right\}$$

$$= \frac{(n-1)}{n} \cdot P_{n-1} + \frac{1}{n} \cdot P_{n-2}$$

$$= \left(1 - \frac{1}{n}\right)P_{n-1} + \frac{1}{n}P_{n-2}$$

$$= P_{n-1} - \frac{1}{n}P_{n-1} + \frac{1}{n}P_{n-2}$$

$$= P_{n-1} - \frac{1}{n}(P_{n-1}-P_{n-2})$$

이때 $P_1=0$, $P_2=\dfrac{1}{2!}=\dfrac{1}{2}$이므로 위의 식을 이용하여 다음과 같이 계산할 수 있다.

$$P_3 = P_2 - \frac{1}{3}(P_2-P_1) = \frac{1}{2} - \frac{1}{3} \cdot \frac{1}{2} = \frac{1}{2} - \frac{1}{6} = \frac{1}{3}$$

$$P_4 = P_3 - \frac{1}{4}(P_3-P_2) = \frac{1}{3} - \frac{1}{4}\left(\frac{1}{3} - \frac{1}{2}\right)$$

$$= \frac{1}{3} - \frac{1}{4}\left(-\frac{1}{6}\right) = \frac{1}{3} + \frac{1}{4}\left(\frac{1}{6}\right) = \frac{3}{8}$$

한편 $P_3$, $P_4$의 값을 다음과 같이 달리 나타낼 수도 있다.

$$P_3 = \frac{1}{2} - \frac{1}{2 \cdot 3} = \frac{1}{2!} - \frac{1}{3!}$$

$$P_4 = P_3 - \frac{1}{4}(P_3 - P_2)$$

$$= \frac{1}{2} - \frac{1}{2 \cdot 3} - \frac{1}{4}\left(\frac{1}{2} - \frac{1}{2 \cdot 3} - \frac{1}{2}\right)$$

$$= \frac{1}{2} - \frac{1}{2 \cdot 3} - \frac{1}{4}\left(-\frac{1}{2 \cdot 3}\right)$$

$$= \frac{1}{2!} - \frac{1}{3!} + \frac{1}{4!}$$

여기에서 우리는 어떤 패턴이 있음을 짐작할 수 있다. 이 패턴이 계속되는지를 증명하기 위해 몇몇 경우에 대해서 확인해 볼 수도 있다. 또 다음의 일반적인 식이 참이라는 것을 귀납법에 의해 증명할 수도 있다. 하지만 여기서는 다루지 않기로 한다.

$$P_n = P_{n-1} - \frac{1}{n}(P_{n-1} - P_{n-2})$$

$$= \frac{1}{2} + \frac{-1}{2 \cdot 3} + \cdots + \frac{(-1)^{n-1}}{2 \cdot 3 \cdot 4 \cdots (n-1)} + \frac{(-1)^n}{2 \cdot 3 \cdot 4 \cdots (n-1) \cdot n}$$

$$= \frac{1}{2!} - \frac{1}{3!} + \frac{1}{4!} - \cdots + \frac{(-1)^{n-1}}{(n-1)!} + \frac{(-1)^n}{n!}$$

$$= \sum_{k=2}^{n} (-1)^k \frac{1}{k!} \quad (\text{단, } n = 2, 3, 4 \cdots)$$

이로써 $P_n$의 일반항을 구하였다. 이때 $P_1 = 0$이기 때문에 이 식은 $k = 2$일 때부터 더하기 시작한다.

## 문제 2

이제 $D_n$에 대한 식을 다음과 같이 나타낼 수 있다.

$$D_n = n!\,P_n = n!\sum_{k=2}^{n}(-1)^k\frac{1}{k!} \quad \left(\because P_n = \frac{D_n}{n!}\right)$$

다음은 이 식을 확장한 형태이다.

$$D_n = n!\left(1 - \frac{1}{1!} + \frac{1}{2!} - \frac{1}{3!} + \frac{1}{4!} - \cdots + (-1)^n\frac{1}{n!}\right)$$

한편 괄호 안 $P_n$의 식에서 $n$을 무한으로 접근시키면서 더하면 그 값은 $\frac{1}{e}$에 가까워진다.

$$1 - \frac{1}{1!} + \frac{1}{2!} - \frac{1}{3!} + \frac{1}{4!} - \cdots = \frac{1}{e}$$

이때 $e$는 자연상수로 그 값은 다음과 같다.

$$e = 1 + \frac{1}{1!} + \frac{1}{2!} + \frac{1}{3!} + \cdots = 2.71828182845\cdots$$

1실제로 다음 표에서 확인할 수 있는 것처럼 $P_n$의 값은 $n$의 값이 클수록 매우 빠르게 $\frac{1}{e}\left(\fallingdotseq\frac{1}{2.71828} = 0.367879\cdots\right)$에 가까워진다.

| $n$ | $P_n$ | $n$ | $P_n$ |
|:---:|:---:|:---:|:---:|
| 2 | 0.5 | 6 | 0.3681 |
| 3 | 0.3333 | 7 | 0.3679 |
| 4 | 0.3750 | 8 | 0.3679 |
| 5 | 0.3667 | 9 | 0.3679 |

이렇게 빠른 수렴속도는 $n$의 값이 커질수록 그 합이 $\dfrac{1}{n!}$만큼씩 변하기 때문이다. 그러므로 $n=7$ 이후부터 완전순열의 확률은 소수점 아래 네 번째 자리까지 같아진다. 따라서 큰 수 $n$에 대하여, 완전순열의 개수는 $\dfrac{n!}{e}$에 가장 가까운 정수로 간단히 계산하면 된다. 즉 $D_n = \left( \dfrac{n!}{e}$의 계단함수$\right)$이다.

경영자로서의 토니 라벨르는 자신이 만든 게임 '경주마 순위 매기기'로 돈을 벌게 될까?

우리는 다시 일반적인 대답을 하려고 할 것이다. 마치 그 게임에서 $n$마리의 경주마가 달리고, 게임 참가자가 $1의 판돈을 가지고 시작한 것처럼 말이다. 위의 문제에 대해 다음과 같이 일반적으로 답하려고 할 것이다. 만약 게임 참가자가 한 마리의 경주마도 실제 순위에 맞지 않게 추측된 경우의 순열에 판돈을 걸면, 그는 $0이 되며, 한 마리의 경주마가 실제 순위에 맞게 추측된 경우의 순열을 택하면, $1를 받는다. 그러므로 $k$마리의 경주마가 실제 순위에 맞게 추측된 경우의 순열을 택하면, 그는 $k$를 되돌려받게 된다.

여기서 집합 $\{1, 2, 3, \cdots, n\}$ 에 대하여 $k$개의 원소를 실제의 자리에 맞게 배치하는 순열의 수를 $F_n(k)$라 하자. 이때 $k$개의 원소를 실제의 자리에 맞게 배치하는 순열이 될 확률은 $\dfrac{F_n(k)}{n!}$이다. 그래서 라벨르의 예상되는 평균 지불금액(기댓값)은 판돈 $1 에 대하여 다음과 같다.

$$\sum_{k=0}^{n} \frac{kF_n(k)}{n!} = \frac{1}{n!} \sum_{k=0}^{n} kF_n(k)$$

$\sum_{k=0}^{n} kF_n(k)$는 집합 $\{1, 2, 3, \cdots, n\}$에 대하여 0개, 1개, 2개, $\cdots$, $n$개의 원소를 실제 자리에 맞게 배치하는 순열의 수 각각을 더한 것을 나타낸다. 여기서 $\{1, 2, 3, \cdots, n\}$에 대하여 $n!$개의 순열을 다음과 같이 각 가로줄에 하나씩 나타내자. 그리고 실제의 자리에 맞게 배열한 수에 밑줄을 그어보자.

| $\underline{1}$ | 2 | 3 | $\underline{4}$ | $\underline{5}$ | $\underline{6}$ | 7 | $\cdots$ | $\underline{n}$ |
|---|---|---|---|---|---|---|---|---|
| 2 | 4 | $\underline{3}$ | 1 | 7 | $\underline{6}$ | $n$ | $\cdots$ | 5 |
| 3 | $\underline{2}$ | 5 | $\underline{4}$ | $n$ | $\underline{6}$ | $\underline{7}$ | $\cdots$ | 1 |
| $\vdots$ | $\vdots$ | $\vdots$ | $\vdots$ | $\vdots$ | $\vdots$ | $\vdots$ | $\cdots$ | $\vdots$ |

예를 들어, 세 번째 세로줄에 3이 나타나면, 그 3에 밑줄이 그어질 것이다. 그것은 정확한 순위를 나타내고 있기 때문이다.

가로줄을 자세히 살펴보면, 임의의 $k$에 대하여 정확히 $k$개의 수 아래에 밑줄이 그어진 가로줄이 $F_n(k)$개 있다는 것을 확인할 수 있다. 따라서 이들 $F_n(k)$개의 가로줄에 있는 수 중 밑줄이 그어진 수의 총 개수는 $kF_n(k)$개이다.

이번에는 위의 표에서 밑줄 친 수의 총 개수를 계산해 보자. 가로줄이 각각 1에서 $n$까지의 수들을 나열한 순열을 나타내고 있으므로 각 세로줄에는 $n!$개의 수가 있고 그 수들은 1에서 $n$까지의 수가 중복하여 적혀 있다. 따라서 각 세로줄에서 1에서 $n$까지의 수들은 각각 $\frac{n!}{n} = (n-1)!$번 중복하여 쓰인다. 이를테면 $j$번째 세로줄에서 밑줄이 그어진 수 $j$가 $(n-1)!$번 나타나면, $j$를 제외한 다른 수들에는 밑줄이 그어져 있지 않다. 그러므로 각 세로줄에는 정확히 $(n-1)!$개의 밑줄 친 수들이 있음을 알 수 있다. 따라서 앞에 나열한 수에는 $n$개의 세로줄이 있으므로 밑줄 친 수들의 총 개수는 $n(n-1)! = n!$개이다.

이때 $\sum_{k=0}^{n} k F_n(k) = n!$이므로, 게임 참가자가 처음에 건 판돈 \$1에 대하여 라벨르가 지불해야 하는 예상금액(기댓값)은 다음과 같다.

$$\sum_{k=0}^{n} \frac{k F_n(k)}{n!} = \frac{1}{n!} \sum_{k=0}^{n} k F_n(k) = \frac{1}{n!} \cdot n! = \$1.00$$

이것으로 보건대 라벨르는 자신이 만든 유치하기 이를 데 없는 게임에서 전혀 돈을 벌지 못한다. 아마도 그것이 그가 기회가 왔을 때 학생들에게서 교묘하게 돈을 뺏어야겠다고 생각한 이유일 것이다.

물론, 이 계산 결과는 임의의 순열에 대하여 $k$의 기댓값을 계산하기 위해 했던 것과 정확히 같은 결과이다. 즉 $\{1, 2, 3, \cdots, n\}$에 대하여 어떤 것이든지 하나의 순열을 나타내면, 평균 한 개의 수가 실제의 자리에 있게 될 것이며, 이 결과는 $n$의 값과는 상관없다. 놀랍지 않은가?

# 볼링 평균 점수

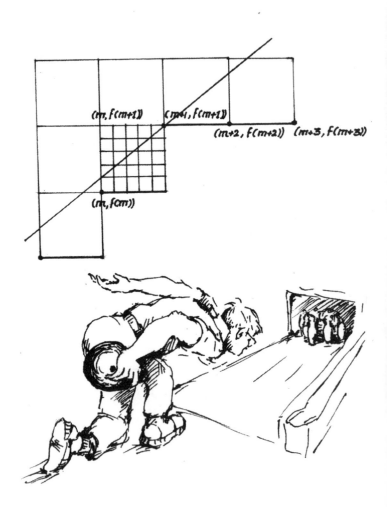

화요일 밤 라비가 농구 연습을 하고 귀가했을 때, 그는 아버지가 안락의자에 앉아 신문을 읽고 있는 것을 보고 깜짝 놀랐다.

　"집에서 뭐하세요, 아빠? 화요일 밤이잖아요. 볼링 연습을 해야 한다고 하지 않으셨어요? 리그 선수권대회가 다음 주잖아요!"

　"우리 팀의 후보선수인 마틴 크레스트에게 내 자리를 양보했어."

　아버지가 풀이 죽은 목소리로 대답했다. 그는 대부분 스포츠를 잘하지 못했지만 볼링은 그가 진심으로 좋아하는 스포츠였다.

　"왜요, 아빠?"

　라비가 관심을 가지며 묻자 아버지가 천천히 대답했다.

　"우리는 스트라이크 평균 점수를 계속 기록해서 점수의 변화 상태를 보고 결정하기로 했어. 그래서 마틴은 지난 두 달 동안 쉬지 않고 연습을 해왔어. 심지어 월요일, 수요일, 금요일에 다른 팀과 함께 볼링을 하면서까지 말이야. 들고 다니기 편한 휴대용 컴퓨터도 구입했더라고. 그것으로 자신의 평균 점수를 계산하고, 매 프레임이 끝난 후 데이터를 입력하여 다시 계산했어. 우리가 처음 시작했을 때, 그의 스트라이크 평균 점수는 70%였어. 지난 밤, 그는 우리 팀의 팀장인 웹스터 씨를 불러서 자신의 평균 점수가 현재 거의 90%라고 말했어. 그 이야기를 들은 웹스터 씨가 내 대신 그에게 팀의 네 번째 자리를 주었지 뭐야."

"죄송하지만, 아빠. 그것을 인정하고 계시나요?"

"전혀 그렇지 않단다."

라비의 어머니가 불쑥 방으로 걸어 들어오면서 말했다.

"엄마 말은 사실이 아니야."

라비의 아버지가 대답했다.

"나는 그것을 인정하기가 조금 힘들 뿐이야. 그게 다야."

"글쎄 '조금 힘들어 하는' 것 정도로 내가 크레스트 씨에게 전화해서 그의 점수 계산표를 당신에게 팩스로 보내달라고 하지는 않았을걸요?"

라비의 어머니가 대꾸했다.

"글쎄, 나는 이번 선수권대회 토너먼트를 위해 올해 내내 노력해 왔고, 그것이 막판에 와서 바뀌면서 약간 귀찮은 일이 되었지만, 어쨌든 대수로운 문제는 아니야. 크레스트 씨의 점수 계산표가 말해 주고 있어. 그는 평균 점수를 0.7에서 0.9까지 올렸어. 이게 그 점수 계산표야."

라비의 아버지가 신문 아래 놓여 있던 종이 뭉치를 빼내어 공중에서 흔들며 말했다.

"아빠가 너무 힘들게 받아들이지 않아서 좋아요"

라비가 살포시 미소를 지으며 위로하는 얼굴로 말했다.

"나는 괜찮아. 단지 약간 실망했을 뿐이야. 라비, 나를 위해 이 점수 계산표를 쓰레기통에 버려 주렴. 식사하려면 손을 씻어야겠구나. 그러니 더 이상 이 일에 대해 이야기하지 말자."

라비의 아버지는 안락의자에서 일어나 라비에게 신문과 점수 계산표 뭉치를 넘기며 말했다.

약 10분 후, 라비의 아버지는 부엌으로 돌아왔다. 라비의 어머니는 식사 준비를 하느라 바삐 움직였다.

라비는 부엌 쓰레기통 위에 앉아 골똘히 점수 계산표를 살펴보고 있었다. 그의 발이 쓰레기통 페달을 밟자 하얀색 뚜껑이 열렸다. 첫 번째 장의 점수 계산표 첫 번째 세로줄에 기록되어 있는 첫 번째 수는 0.70000이고 마지막 장에 있는 가장 끝 수는 0.90000이었다. 그 사이에는 0.70149, 0.70297. 0.71154, 0.70813, …과 같이 매 프레임이 끝난 후의 스트라이크 평균 점수를 나타내는 수백 개의 숫자들이 쓰여 있었다.

"라비, 뭐하고 있니?"

아버지의 질문에 라비는 약간 난처한 표정을 지으며 쳐다보았다.

"아빠, 나머지 점수 계산표는 어디에 있어요?"

"그게 다야"

아버지가 대답했다.

"무슨 문제라도 있니?"

"제가 찾는 값이 없어요. 이 점수 계산표에서는 보이지 않아요."
라비가 대답했다.

"이것은 크레스트 씨 컴퓨터에서 뽑은 점수 계산표가 아니에
요. 이 숫자들은 조작된 것이에요, 아빠!"

**라비가 한 말은 무슨 뜻일까?**

# 사건 분석

여기에서 핵심은 우리가 해결해야 할 문제가 무엇인가를 생각하는 것이다. 라비는 특별한 값을 찾고 있었다. 그가 생각했던 과정을 이해하기 위하여, 다음과 같이 문제를 설정해 보자.

한 볼링 선수가 경기가 진행되는 동안 자신의 스트라이크 평균 점수를 계속 기록해가면서 계산하거나, 또는 한 농구 선수가 자유투의 평균 점수를 계속 기록해가면서 계산하고 있는 가운데 평균 점수가 70%에서 90%까지 향상되었다고 하자. 평균 점수가 70%에서 90%까지 향상되는 상황을 하나의 경로로 나타낼 때, 출발점의 평균 점수 70%와 도착점의 90%를 나타내는 분자, 분모와 상관없이, 그 경로는 정확히 80%를 나타내는 점들을 지나는가?

만약 여러분이 이 문제를 해결할 수 있으면, 크레스트 씨가 점수 계산표를 조작했다는 것을 라비가 어떻게 증명했는지 이해하게 될 것이다. 한편 여기에서는 매회의 시행(볼링의 각 프레임, 농구에서 1번의 자유투)에서 득점을 하거나(스트라이크, 1득점) 그렇지 못하는 독립시행<sup>binary trial</sup>*을 다루고 있다는 점을 유의하라.

여하튼 라비의 아버지는 팀에서 자신의 자리를 되찾았고 그들은 리그 선수권대회에 출전했다.

---

* 한 개의 주사위나 동전을 여러 번 던지는 것과 같이 같은 시행을 여러 번 반복할 때, 매회의 시행에서 일어나는 사건들은 모두 서로에게 영향을 미치지 않는다. 이때 이와 같은 시행을 독립시행이라고 한다.

# 사건 해결

만약 스트라이크 평균 점수가 0.7인 볼링 선수가 점점 실력이 향상되어서 평균 점수가 0.9까지 올라가면, 그는 평균 점수 진행경로상의 몇 개의 점에서 0.8의 평균 점수를 갖게 될까?

이것은 해결하기 힘든 문제로, 답은 분명히 "아니오"다 라고 생각하는지도 모른다. 전국에 있는 모든 볼링장에서 신발 대여 가격과 같은 여러 값의 평균을 구할 때는 어떤 한 값을 빠뜨리고 구할 수도 있다. 그러나 여기에서는 어떤 값들도 없는 가운데 문제를 해결해야 한다. 따라서 위의 문제에 대한 답이 "그렇다!"라는 것을 알게 되면 놀랄지도 모른다.

이 문제를 해결하기 위해 독립시행을 상기해 보자. 스트라이크 평균 점수를 계산할 때 알고 있어야 하는 것은 반복하는 시행 횟수(투구하는 프레임 수)와 매 시행에서 성공하거나 실패한 횟수이다. 이 값들을 순서쌍 (성공 시행 수, 전체 시행 수), (스트라이크 수, 프레임 수) 또는 기호로 표시하여 $(s, f)$로 나타내기로 하

자. 예를 들어 (7, 10)은 10프레임의 게임에서 스트라이크를 7번 쳤다는 것을 나타낸다.

두 값 $s$와 $f$는 0보다 크거나 같은 자연수여야 하며, $s$는 $f$보다 작거나 같아야 한다. 또 한편 스트라이크 수와 프레임 수로 만든 순서쌍을 이용하여 [그림 1]과 같은 격자를 만들 수 있다.

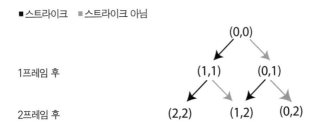

[**그림 1**] 격자를 만드는 첫 번째 단계

이제 더 큰 격자를 살펴보자. [**그림 2**]에서 격자 위의 점들은 20회의 프레임 동안 친 스트라이크 수의 각 순서쌍을 나타낸다. 격자 위에 나타낸 3개의 굵은 선분은 볼링 선수가 각 프레임이 진행되는 동안 친 스트라이크 평균 점수를 보여주는 예이다. 20회의 프레임을 거치는 동안 볼링 선수는 처음 1회부터 4회까지의 프레임에서 스트라이크를 친 다음, 5회, 6회의 프레임에서는 실패했으며, 다음 3회의 프레임에서는 스트라이크를 치고 그다음 10회, 11회 프레임에서는 실패한 뒤 연이어 9번의 스트라이크를

쳤다.

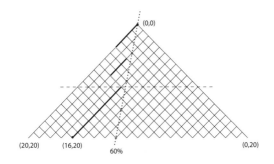

[**그림 2**] 한 볼링 선수의 각 프레임에서의 투구 결과의 예와
스트라이크 평균 점수의 예를 보여주는 20프레임 격자

이때 반복된 독립시행에 의해 만들어진 격자 위에 특정 스트라
이크 평균 점수를 하나의 선으로 나타낼 수 있다. 그림에서는 볼
링 선수가 결코 60% 또는 0.6의 평균 점수를 갖지 못한다는 것을
보여 준다(비록 11프레임에서는 $\frac{7}{11}$=0.63636으로 점점 가까워지고 있다
고 하더라도). 주어진 격자에서, 60%선은 [**그림 2**]에서 회색 점들로
표시된 4개의 격자점 (3, 5), (6, 10), (9, 15), (12, 20)을 지나
간다. 그것은 다음과 같이 나타낼 수 있다.

$$\frac{12}{20} = \frac{9}{15} = \frac{6}{10} = \frac{3}{5} = 0.6$$

70%, 80%, 90%의 평균 점수를 각각 격자 위에 선으로 나타내
고, 이들 선을 이용하기로 하자. 사건에서 마틴 크레스트의 경우

평균 점수 70%에서 출발하여 90%까지 올라갔으므로, 70%의 평균 점수에 해당하는 선 위의 격자점 중 하나에서 시작하여, 평균 점수 90%를 나타내는 선 위의 한 격자점에서 끝나는 하나의 진행경로를 그릴 수 있다. 따라서 몇 개의 점에서, 크레스트의 평균 점수 진행경로는 80%선을 가로질러가야 한다. 이것은 [그림 3]의 (a)에서 확인할 수 있다.

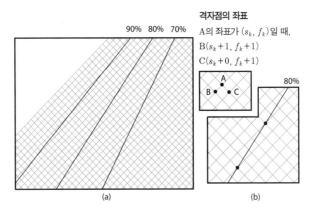

[그림3]
(a) 70%에서 90%까지 평균 점수가 올라가기 위해서는 80%를 경과해야 한다.
(b) 평균 점수 진행경로가 정확히 80%선 위의 격자점을 지나야 한다는 시각적 증명

이때 다음 두 가지 경우를 생각할 수 있다.

1. 80%선이 정확히 그 경로 위의 한 격자점을 지나가는 경우

2. 80%선이 경로 위의 두 격자점 사이를 지나가는 경우

1의 경우라면 0.80000이 점수 계산표 위에 기록되어 있어야 한

다. 하지만 라비는 어디에서도 0.80000을 발견할 수 없었다. 2의 경우라면 80%값이 점수 계산표에서 연속되는 두 평균 점수들 사이에 있어야 한다. 즉 격자 위에서 80%선이 연속되는 두 격자점 사이로 가로질러가야 한다. 그 두 격자점을 각각 $(s_k, f_k)$과 $(s_{k+1}, f_{k+1})$이라 할 때, 다음이 성립한다.

$$\frac{s_k}{f_k} < 0.8 < \frac{s_{k+1}}{f_{k+1}} \ \ 또는 \ \ \frac{s_k}{f_k} < \frac{4}{5} < \frac{s_{k+1}}{f_{k+1}}$$

한편 격자 위에서 $f_{k+1} = f_k + 1$이다. 만약 볼링 선수가 $f_{k+1}$프레임에서 스트라이크를 치지 못하면, $s_{k+1} = s_k + 0 = s_k$가 된다. 이것은 곧 다음과 같은 식이 되어 위의 식과 맞지 않게 된다.

$$\frac{s_{k+1}}{f_{k+1}} = \frac{s_k}{f_k + 1} < \frac{s_k}{f_k}$$

따라서 볼링 선수는 $f_{k+1}$프레임에서 스트라이크를 쳐야 하며, $s_{k+1} = s_k + 1$이 된다. 그러므로 다음과 같이 나타낼 수 있다.

$$\frac{s_k}{f_k} < \frac{4}{5} < \frac{s_k + 1}{f_k + 1}$$

이 식을 다음의 두 부등식으로 나누어 생각할 수 있다.

$$\frac{s_k}{f_k} < \frac{4}{5} \ \ 그리고 \ \ \frac{4}{5} < \frac{s_k + 1}{f_k + 1}$$

첫 번째 부등식은 $5s_k < 4f_k$와 같으며, 두 번째 부등식은 $4f_k + 4 < 5s_k + 5$ 또는 $4f_k < 5s_k + 1$과 같다. 다시 이 두 부등식을

결합하여 나타내면 다음과 같다.

$$5s_k < 4f_k < 5s_k + 1$$

그러나 이 식은 참이 될 수 없다. 연속되는 두 정수 $5s_k,\ 5s_k+1$ 사이에 또 다른 정수 $4f_k$가 들어갈 수 없기 때문이다. 그것은 어떤 정수를 4배한 수가 20과 21 사이에 있다고 말하는 것이나 마찬가지다. 그런 일은 결코 일어날 수 없다.

바꾸어 말하면, 스트라이크 평균 점수가 80% 평균 점수선을 지날 때는 정확히 80%선 위의 격자점을 지나야 한다. 이는 [그림 3]의 (b)에서 확인할 수 있다.

0.80000이 크레스트 씨의 점수 계산표 어디에도 나타나 있지 않았기 때문에, 라비는 그 점수들이 조작되었다는 것을 알 수 있었다.

# 필름 속 두 쇠공

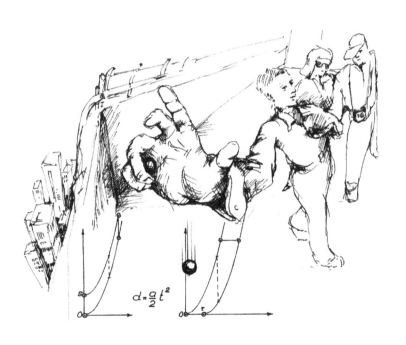

$$d = \frac{a}{2}t^2$$

평소와 다름 없어 보이는 나른한 토요일 아침이었다. 라비와 그의 부모님이 대화를 나누며 아침 식사를 하고 있을 때 전화벨이 울렸다. 라비의 어머니는 토요일 아침에 전화벨이 울리는 것을 좋아하지 않는다. 종종 시카고 지방 검사인 남편이 사건 현장으로 불려가곤 했기 때문이다. 라비의 어머니는 전화를 받아 몇 마디를 하고는 남편에게 건네주었다.

"돕슨 대장이에요. 사건이 일어났는데 당신의 도움이 필요하다고 하네요."

라비의 아버지는 통화가 끝난 후 라비을 향해 말했다.

"시어스 타워로 오라는군. 10대 2명이 타워 꼭대기에서 2개의 쇠공을 떨어뜨렸는데, 누군가가 그 쇠공에 맞았다나 봐. 지금 메시 병원에 있는데 위독한 상태야. 라비, 같이 가지 않을래?"

"아니에요, 아빠. 오늘 오전에는 컴퓨터 프로그램 과제를 끝낼 생각이에요."

라비가 대답했다.

"그건 잠시 잊어버리고 같이 가자. 네가 좋아하는 도넛을 사 줄게."

아버지가 달콤한 말로 구슬렸다.

이것은 거절하기 힘든 제안이었다. 아버지의 제안을 받아들이는 것이 도넛을 좋아하는 것으로 보여진다고 하더라도, 실제로 라비가 수학 다음으로 유일하게 좋아하는 것이 도넛이다.

"좋아요, 아빠. 제가 졌어요."

라비가 미소를 지으며 말했다.


그들이 시어스 타워에 도착했을 때, 건물 주변에는 비상선이 쳐져 있었고 정문에는 몇 대의 경찰차가 서 있었다. 경찰복 차림을 한 몇 명의 경관들을 지나치자마자, 라비는 셔츠에 묻은 설탕을 황급히 털어냈다. 돕슨 과장이 그들을 발견하고 다가오더니 재빠르게 상황을 설명했다.

"다행히도 필름에 모든 것이 찍혔어. 피해자는 배우인데, 보험 광고를 찍기 위해 시어스 타워 밑에서 촬영하고 있다가 머리에 쇠공을 맞고 의식을 잃었지 뭔가."

"제가 듣기로는 두 개의 쇠공이 있었다던데,"

라비의 아버지가 끼어들었다.

"맞아. 두 개야."

돕슨 과장이 대답했다.

"첫 번째 쇠공에 이어 땅에 떨어진 두 번째 쇠공도 바로 옆에 놓여 있더군. 공이 떨어지는 상황이 필름에 찍혔는데 그 필름을 살펴본 결과, 첫 번째 쇠공이 피해자의 머리에 떨어질 때 두 번째 쇠공은 땅에서 대략 30피트(9m) 위에 있더군. 공중에 있는 그 두 번째 쇠공을 찾으려고 한참 동안 필름을 들여다봤는데, 다행히 촬영 기사가 광각렌즈로 촬영하고 있어서 찾을 수 있었지 뭐야."

"가해자는 누구입니까?"

라비의 아버지의 질문에 돕슨 과장이 무뚝뚝하게 대답했다.

"10대 두 명과 목격자들까지 함께 옥상에 붙들어 놓고 있어."

라비와 그의 아버지는 돕슨 대장과 함께 엘리베이터를 타고 1,431피트(약 436m) 높이의 건물 꼭대기까지 올라가 옥외전망대로 걸어갔다. 경찰복을 입은 경관이 다가오더니 곧바로 지금까지 알아낸 것을 요약하여 설명했다.

용의자는 16세의 조셉 핸드릭스와 15세의 토미 애스톤이었다. 목격자는 4명의 관광객으로, 그들은 먼저 조셉이 난간 너머로 팔을 뻗었고 곧이어 토미도 난간 너머로 팔을 뻗는 것을 보았다고 진술하고 진술서에 서명했다.

진술에 의하면, 두 소년은 난간 너머를 보는가 싶더니, 갑자기 몸을 돌려 엘리베이터를 향해 달리기 시작했다. 다행히 내려가는 엘리베이터에는 이미 많은 사람들이 타고 있어서, 엘리베이터 운행 도우미가 그들에게 기다렸다가 다음 엘리베이터를 타도록 제지했다. 곧바로 엘리베이터의 문이 닫히고 소년들은 전망대 위에 그대로 남게 된 것이다.

"목격자들은 실제로 두 개의 쇠공이 떨어지는 것을 보았나요?"

라비가 경관에게 물었다.

"아니, 쇠공이 떨어지는 것을 실제로 본 사람은 아무도 없어. 모든 일이 순식간에 일어났기 때문이야. 하지만 그들은 두 소년이 서 있던 곳을 정확히 알고 있었고, 쇠공이 그 바로 아래의 땅에 떨어졌어"

"그것만으로도 충분해."

돕슨 과장이 말했다.

"이 애송이들의 자백을 들어보도록 합시다."

돕슨 과장이 라비의 아버지에게 말했다.

돕슨 과장과 라비의 아버지는 라비가 지켜보는 가운데 차례로 두 명의 용의자를 심문했다. 라비는 용의자를 따로 심문하는 것이 경찰 업무의 기본임을 알고 있었다. 경찰은 심문 과정에서 용의자의 이야기를 들으면서 모순되는 것을 찾고, 각 용의자가 사건과 연루된 다른 사람들을 이야기하는지 귀담아들었다.

뾰족뾰족 솟은 머리의 거칠게 보이는 조셉 핸드릭스는 돕슨 과장을 노려보면서 어떤 질문에도 답변을 거부했다.

"나는 소년원 출신이에요. 아무것도 말하지 않을 거예요."

반대로 토미 애스톤은 얼굴이 창백해 보이고 매우 두려워하는 기색이었다. 아마도 상황이 매우 심각하다는 것을 알기 시작한 것 같았다. 그는 경관에게 모든 것을 말하겠다고 하면서, 조셉이 난간 너머로 2개의 쇠공을 던졌으며, 자신은 그것과 전혀 관계가 없다고 같은 말을 되풀이할 뿐이었다.

"네가 조셉에 이어 바로 난간 너머로 손을 뻗는 것을 보았다는 사람들이 있어. 네가 두 번째 쇠공을 던진 거잖아. 부인해도 소용없어. 그리고 자백하면 상황을 고려해 선처하도록 약속할게."

라비의 아버지가 화가 난 말투로 말했다.

"아니에요, 아니라고요. 당신들은 모두 잘못 알고 있어요!"

토미가 주장했다.

"나는 조셉이 뭔가를 하려고 해 손을 뻗어 그를 제지하려고 했을 뿐이에요."

라비는 그의 아버지와 돕슨 과장 앞에서 위축되고 매우 당황한 토미를 보면서, 안됐다는 생각을 했다.

"그럼 너는 핸드릭스가 두 개의 쇠공을 모두 던졌다고 주장하는 거니?"

돕슨 과장이 쉽사리 믿지 못하겠다는 태도로 심문했다.

"조셉은 단지 잠깐 동안 난간에 손을 올려놓았을 뿐이다. 네 명의 목격자가 모두 그렇게 말하고 있어. 그는 재차 손을 내밀지 않았다고. 그리고 네가 그의 뒤에서 손을 내밀었잖아."

"말씀드렸듯이, 조셉을 막으려고 했을 뿐이라고요."

토미가 당장 울음을 터뜨릴 것처럼 애원하듯이 말했다.

"그렇다면 누가 두 번째 쇠공을 던졌니?"

돕슨 과장이 가차 없이 냉정하게 계속 질문을 이어갔다.

"조셉이 동시에 두 개를 던졌어요."

토미가 대답했다.

"말도 안 되는 소리!"

과장이 버럭 소리를 질렀다.

"모든 것이 필름에 찍혀 있어. 두 번째 쇠공은 첫 번째 쇠공이 사람 머리에 떨어질 때 땅에서 9m 떨어진 공중에 있었어. 조셉이 두 개를 동시에 던졌을 리가 없잖아."

과장은 경찰복을 입은 경관 중 한 명을 향해 몸을 돌리더니 토미와 조셉을 가리키며 말했다.

"조사는 끝났어. 이들을 경찰서로 데려가."

"잠깐만요, 대장님."

라비가 불쑥 끼어들었다. 경관이 발걸음을 멈췄다. 그는 라비의 명석함을 잘 알고 있었다. 그동안 과장이 라비의 의견을 매우 존중하며, 다른 모든 사람이 해결하기 어려워하는 사건을 신비스러운 능력으로 해결하는 것을 보았기 때문이다.

"뭐지, 라비?"

과장이 물었다. 그는 그동안의 경험으로 볼 때 라비가 관심을 가지면 곧 사건 해결에 끼어들 것이라는 것을 알고 있었다.

"조사해서 확인하고 싶은 것이 있어요."

라비가 과장에게 걸어가 작은 소리로 속삭였다.

"이 아이가 거짓말을 하고 있다는 것이 믿기질 않아요. 토미의 말 중에서 무언가를 확인해 보고 싶어요. 목격자들은 물론, 난간 너머로 던진 것과 같은 두 개의 쇠공이 필요해요. 촬영기사도 필요해요. 촬영기사들은 제가 높은 곳에서 쇠공을 떨어뜨리는 동안 그 장면을 연속하여 찍도록 해 주세요. 이 사건에서 일어난 일에 대한 타이밍을 알아보기 위해서예요."

라비는 아직 정리가 잘 되지 않았고 확인하기 위한 여러 가지 시나리오들을 미리 생각하고 있었다.

"촬영기사는 무엇이라도 기꺼이 도와줄 거야, 라비. 하지만 오래 머무를 수는 없어. 아침 내내 목격자들을 여기에 붙들어 뒀거든. 또 네 생각을 충분히 존중하긴 하지만, 나도 그들이 언제 거짓말하는지를 알 만큼 비행청소년들을 충분히 겪어 왔단다."

과장의 도움으로 모두 준비되자 라비는 촬영기사에게 자신의 뒤에서 촬영하도록 이야기한 다음, 목격자들 앞에 섰다.

"음…… 죄송합니다, 여러분."

라비가 천천히 초조하게 서 있는 4명의 목격자들에게 말을 걸기 시작했다.

"저는 첫 번째 용의자가 팔을 얼마나 빨리 뻗고 거두었는지에 대하여 여러분이 느낀 것을 알아보려고 합니다. 이것을 위해 제가 두 가지 일을 할 것입니다. 그때 여러분이 본 것을 저에게 그

대로 이야기해 주시면 됩니다."

라비는 오른손에 두 개의 쇠공을 쥐었다. 꽉 쥔 손 안에는 2개의 쇠공이 나란히 자리하고 있었다. 그가 손을 뻗는가 싶더니 재빨리 엄지손가락, 집게손가락, 가운뎃손가락을 펴서 첫 번째 쇠공을 놓았다. 쇠공은 1초도 안 되어 땅에 닿았다. 계속해서 라비는 약손가락과 새끼손가락을 펴 두 번째 쇠공을 떨어뜨리고 재빨리 손을 거둬들였다. 이 모든 행동은 2초도 걸리지 않았다.

"이것이 핸드릭스가 팔을 뻗고 거둬들인 속도와 거의 비슷한가요? 아니면 그때가 더 빨랐나요?"

라비가 목격자들을 향해 몸을 돌리며 물었다.

목격자들은 서로를 쳐다보다가 라비의 동작이 매우 느리다고 말했다. 라비는 계속해서 같은 행동을 반복했다. 그리고 반복하면 할수록, 매번 속도가 더 빨라졌다. 마지막 시범에서, 라비가 재빨리 손을 뻗는가 싶더니 손가락을 펴 번갈아 바로 쇠공들을 떨어뜨리고 곧바로 팔을 뒤로 거둬들였다.

목격자들 모두가 이 마지막 시범이 조셉의 팔이 움직였던 속도와 가장 유사하다고 동의했다.

"여러분 모두 감사드립니다. 이제 모두 끝났습니다."

목격자들이 돌아간 후, 라비는 아버지, 과장과 함께 나란히 앉아 필름 투시장치로 필름에 담은 장면들을 자세히 조사하기 시작했다. 그들은 매우 신중하게 마지막 시범장면 하나하나를 넘겨가면서 유심히 살폈다. 라비가 자신의 엄지손가락, 집게 손가락, 가운데 손가락을 펴자마자, 첫 번째 쇠공이 떨어졌다. 그는 멈추지 않고 이어서 나머지 손가락들을 폈고, 두 번째 쇠공이 곧바로 손에서 떨어졌다. 필름 투시장치상에서 눈금이 있는 측정도구를 사용하여, 두 번째 쇠공을 손에서 놓았을 때 떨어지고 있던 첫 번째 쇠공과의 거리를 재어보니 약 2인치 차이뿐이었다.

"그것 봐, 라비."

대장이 말했다.

"네가 분명히 보고 있는 대로, 핸드릭스만큼 빠르게 공을 손에서 놓았을 때, 두 쇠공 사이의 거리는 30피트가 아닌 2인치뿐이잖아. 두 개의 쇠공은 분명히 같은 속도로 떨어질 거야. 그러니까 핸드릭스가 두 개의 공을 떨어뜨렸을 리가 없어. 핸드릭스가 한 개를 떨어뜨리고, 애스톤이 또 다른 공을 떨어뜨린 거야. 이것이 이번 사건을 가장 논리적으로 설명한 거야."

"대장, 제 생각도 같아요. 두 사람 모두를 기소해야겠어요."

라비의 아버지가 말했다. 두 사람이 몸을 돌려 엘리베이터를 향해 걸어가기 시작했다.

하지만 등 뒤에서 들린 라비의 외침이 그들을 멈춰세웠다.

"신사분들, 거기 멈춰주세요. 진실을 바로잡아야겠어요."

# 사건 분석

이 사건을 해결하기 전에, 낙하하는 물체의 물리적 현상에 대하여 알 필요가 있다. 여기서는 사건에 사용된 물체가 공기저항을 거의 받지 않는 작은 쇠공이기 때문에 문제를 보다 단순화하기 위해 공기저항을 무시하기로 한다.

낙하하는 물체는 보통 중력가속도로 움직인다. 그래서 낙하하는 물체의 움직임을 나타내는 식들은 어떤 것이든지 일정한 가속도로 움직이는 물체에 대한 식들과 같다.

어떤 물체가 계속하여 같은 속도로 움직이면 거리는 속도와 시간의 곱, 즉 $d = vt$로 간단히 나타낼 수 있다. 이때 $d$는 거리, $v$는 속도, $t$는 시간을 나타낸다.

한편 어떤 물체가 계속하여 같은 가속도로 움직이면 물체의 속도는 일정하게 계속 변화한다. 예를 들어, 어떤 물체가 5ft/sec의 속도로 출발하여 매초 5ft/sec만큼씩 가속하면, 1초 후 물체의 속도는 $10\text{ft/sec}(=5+5=5+(5\times1))$, 2초 후에는 15ft/

sec($=10+5=5+10=5+(5\times2)$)가 된다. 이 경우에 속도를 시간에 대한 함수로 나타내면 $v_f=v_0+at$가 된다. 단 $v_0$는 초기 속도이고, $v_f$는 최종 속도이며, $a$는 가속도이다. 이때 속도는 일정한 값이 아닌 시간의 함수이며, 이와 같이 가속도가 일정할 때는 1차함수로 나타난다.

따라서 이 상황에서 물체의 이동거리를 구할 때는 시간의 함수로 계산해야 하므로 물체가 일정한 속도로 이동한 경우에 비해 조금 더 어렵다. 그러나 속도가 변화하는 경우에도 거리는 항상 평균 속도 $v_{평균}$과 시간 $t$의 곱, 즉 $d=v_{평균}t$로 나타낸다. 시간이 경과함에 따라 속도가 1차적으로 증가하면, 평균속도는 간단히 $\dfrac{(v_0+v_f)}{2}$로 쓸 수 있다. 이때 $v_0$는 초기속도이고 $v_f$는 일정한 가속도에 의해 증가한 최종 속도이다. 따라서 이동거리는 다음과 같이 나타낼 수 있다.

$$d=\frac{(v_0+v_f)}{2}t$$

이 식에 $v_f=v_0+at$를 대입하여 정리하면 다음과 같다.

$$d=\left(\frac{v_0+v_0+at}{2}\right)t=\left(\frac{2v_0+at}{2}\right)t=v_0t+\frac{1}{2}at^2$$

이때 물체의 초기 속도 $v_0$가 0이면, 이 식은 다음과 같이 간단히 쓸 수 있다.

$$d = \frac{1}{2}at^2$$

이것은 옥상의 난간에서 누군가가 손에 쥐고 있던 물체를 놓았을 때 낙하하는 물체에 대한 중요한 식이다. 보통 낙하하는 물체에 대한 가속도 $a$는 중력에 의해 발생하며 $32\text{ft/sec}^2(9.8\text{m/sec}^2)$ 값을 갖는 것으로 알려져 있다. 그렇기 때문에 이것이 매우 공정하지 못하다고 생각할 수도 있다. 만약 물리적인 현상에 대한 지식이 없다면 문제를 해결하는 데 필요한 이 값을 알지 못할 것이기 때문이다. 이것에 대해서는 나중에 다시 이야기하도록 하자!

이제 라비와 함께 이 사건을 해결할 준비가 되었다. 돕슨 과장과 라비의 아버지는 사건과 관련하여 식을 사용하지 않고, 두 개의 쇠공이 같은 속도로 떨어지기 때문에, 처음 2인치(5cm) 간격을 두고 아래로 떨어지기 시작하면 바닥에 닿을 때까지 내내 두 쇠공이 2인치의 간격을 유지할 것이라고 주장하였다.

두 쇠공이 낙하할 때 그 거리가 다음 식에 의해 결정되기 때문에 위의 주장도 이해가 간다.

$$d = \frac{1}{2}at^2$$

그렇다면 이 추론에서 무엇이 잘못되었을까? 여러분은 과장과 라비의 아버지가 무엇을 잘못 생각했는지 알겠는가?

그것은 바로 문제를 잘못 설정한 것이다. 과장과 라비의 아버지가 설정한 문제는 다음과 같다.

만약 높이가 다른 두 지점, 즉 위아래로 2인치 간격만큼 떨어져 있는 두 지점에서 똑같은 크기의 쇠공 두 개를 동시에 떨어뜨릴 때, 첫 번째 쇠공이 땅에 닿는 순간 두 번째 쇠공의 높이는 얼마일까?

그러나 실제 상황을 조금 더 주의 깊게 살펴보면, 문제를 다음과 같이 설정해야 함을 알 수 있다.

같은 높이에서 2인치 간격만큼의 시간 차이를 두고 두 개의 쇠공을 차례로 떨어뜨릴 때, 첫 번째 쇠공이 땅에 닿는 순간에 두 번째 쇠공의 높이는 얼마일까?

문제를 이와 같이 서술하면 어떤 차이가 생길까? 이것이 바로 여러분이 지금 해결해야 할 문제이다.

문제를 조금 편리하게 해결하기 위하여, 쇠공이 시어스 타워의 꼭대기에서 땅까지 떨어진다고 가정하자. 실제로는 첫 번째 쇠공이 땅이 아닌, 땅에서 6피트(약 183cm) 위인 피해자의 머리에 떨어졌지만, 그것은 우리가 알아보고자 하는 것에 큰 차이를 만들지는 않는다.

그렇다면 이 문제를 어떻게 해결해야 할까? 여기서는 중력 때문에 생긴 가속도 $32\text{ft}/\text{sec}^2$을 피트와 초를 단위로 나타내기로 한다. 시어스 타워의 높이를 $h$(가장 높은 층까지 1,431피트)라 할 때, 첫 번째 쇠공이 $(h-0.167)$피트(타워의 높이보다 2인치, 즉 0.167피트가 작다)만큼 떨어지는 데 걸린 시간 $t_1$은 다음 식을 이용하여 구할 수 있다.

$$h-0.167=\frac{1}{2}\,at_1^2$$

그런 다음 $t_1$을 사용하여 두 번째 쇠공이 떨어지는 거리를 계산할 수 있다. 여기서 한 가지 문제, 즉 '그것이 완벽하게 잘못된 생각!' 이라는 것을 제외하고는 좋은 생각인 것 같다. 우리는 다시 첫 번째 쇠공이 타워의 옥상 난간에서 두 번째 쇠공보다 2인치 높은 곳에서 떨어지기 시작한다고 가정하는 함정에 빠져들었다. 그것은 본래 대장과 라비의 아버지가 약간 잘못 생각하고 있는 것이었다. 그렇다면 문제를 어떻게 바르게 해결할 것인가?

나는 한 악당이 정보를 알아내기 위해 누군가를 위협하면서 "말할래, 아니면 맞고 말할래?"라고 말하는 영화의 한 대사가 생각난다. 좀 더 쉽게 문제를 해결해 보기로 하자.

시어스 타워의 높이를 $h$, 쇠공이 이 타워의 꼭대기에서 떨어지는 데 걸리는 시간(공기저항이 없는)을 $t$라 하자. 또 이 타워의 꼭대기에서 두 번째 쇠공을 손에서 막 놓는 순간까지 첫 번째 쇠공이 떨어진 거리를 $s$, 그리고 그 지점까지 떨어지는 데 걸리는 시간을 $\tau$라 하자.

그럼 질문은 다음과 같이 매우 단순하게 나타낼 수 있다.

두 번째 쇠공이 $(t-\tau)$시간 동안 떨어진 거리는 얼마인가?

이 거리를 $h'$이라 하자. 그러면 다음과 같이 식을 쓸 수 있다.

$$h = \frac{1}{2}at^2, \quad s = \frac{1}{2}a\tau^2, \quad h' = \frac{1}{2}a(t-\tau)^2 \quad \cdots\cdots(*)$$

이때 우리가 알아야 하는 것은 $h - h'$, 즉 첫 번째 쇠공이 땅에 닿는 순간에 두 번째 쇠공이 땅으로부터 얼마나 높이 있는지이

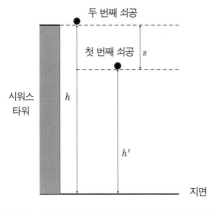

두 번째 쇠공을 손에서 놓기 직전 낙하하고 있던 첫번째 쇠공의 높이

다. 이 값을 계산하면 다음과 같다.

$$h - h' = \frac{1}{2} at^2 - \frac{1}{2} a(t-\tau^2)$$

$$= \frac{1}{2} a \left\{ t^2 - (t^2 - 2t\tau + \tau^2) \right\}$$

$$= \frac{1}{2} a \left\{ 2t\tau - \tau^2 \right)$$

$$= at\tau - \frac{1}{2} a\tau^2$$

$$= at\tau - s \qquad \cdots\cdots(\ast\ast)$$

$(\ast)$의 처음 두 식을 정리하여 $t$와 $\tau$를 구하면 다음과 같다.

$$t = \sqrt{\frac{2h}{a}} \ , \ \tau = \sqrt{\frac{2s}{a}}$$

이제 위의 두 식을 (**)에 대입하여 정리하면 다음과 같다.

$$h - h' = a\left(\sqrt{\frac{2h}{a}} \cdot \sqrt{\frac{2s}{a}}\right) - s = 2\sqrt{hs} - s$$

여기에서 $h$는 시어스 타워의 높이인 약 1,431피트이고, $s$는 0.167피트(즉 2인치)이다. 그러므로 $h-h'$는 30.75피트가 된다.

이것은 상당히 놀라운 결과이다. 한 개의 쇠공이 다른 쇠공보다 2인치 앞서 시어스 타워 꼭대기에서 떨어지기 시작하면 두 쇠공 사이의 거리는 점점 더 벌어지며, 첫 번째 쇠공이 땅에 닿는 순간에는 30피트 넘게 벌어지게 된다는 것을 나타내고 있다. 이것은 어느 누구도 생각하지 못했던 것이다. 라비의 계산 결과는 실제로 핸드릭스가 두 개의 쇠공을 떨어뜨렸다는 생각과 일치함을 보여주는 증거가 된 셈이다. 결국, 핸드릭스만이 범죄혐의로 고발되었으며, 애스톤의 증언은 그의 유죄를 입증하는데 이용되었다.

마지막으로 한 가지 정확하게 마무리 짓지 못한 것이 있다. 마치 여러분이 사건을 해결하기 위해 중력가속도($a = 32\text{ft}/\text{sec}^2$)의 값을 꼭 알아야 하는 것처럼 보였기 때문에, 그 문제가 공정치 못하다고 생각했던 사람들도 있었을 것이다. 하지만 사건 해결 결과 여러분은 실제로 이 값이 전혀 필요가 없다는 것을 알게 되었다. 이 값은 식을 정리하는 과정에서 약분되어 단 한 번도 사용되지 않았기 때문이다!

# 샨카 화학약품회사에서 생긴 불운

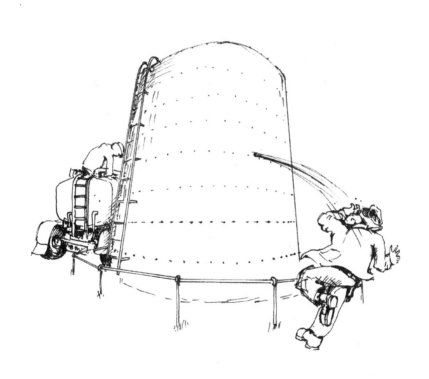

오늘 저녁 식사 메뉴 중 특히 새끼 양의 고기로 만든 빈달루*가 맛있었다. 라비의 어머니는 그 어느 때보다 더 맛있는 음식을 준비하려고 노력했다. 라비의 아버지가 지난 주에 일어난 사건으로 크게 상심해 있는 친구를 위로하기 위해 저녁 식사에 초대했기 때문이다. 그러나 산지브 라비샨카 박사는 스푼으로 한 번 떠먹는 시늉을 했을 뿐이었다. 도저히 자신의 고통을 잊을 수가 없었던 라비샨카 박사는 라비의 가족들에게 다시 한 번 그날의 일을 자세히 얘기하기 시작했다.

라비샨카 박사는 샨카 화학약품회사의 사장이자 창립자이다. 이 회사의 공장은 시카고에서 약 한 시간 정도 떨어진 거리에 있는 위스콘신 주 남쪽의 나무가 우거진 지역에 위치하고 있다. 라비는 화학에도 관심이 많아 그의 아버지가 공장을 방문할 때 종종 따라가곤 했는데, 그때마다 라비샨카 박사는 직접 공장의 곳

---

* 고기나 생선을 넣어 만든 아주 매운 인도 카레

곳을 보여주었다. 라비는 다양한 화학혼합물을 분리하고 정제하는 과정을 지켜보았다. 공장에서 가장 놀라운 볼거리는 금속으로 된 커다란 원통형 탱크들이 나란히 서 있는 모습이었다. 공장에서는 여러 제조공장으로 판매하기 위해, 탱크 속에 액체로 된 많은 화학약품을 보관하고 있었다.

그런데 며칠 전, 예기치 않은 비극이 공장에서 발생했다. 그날 오후 순찰 중이던 샨카 화학약품회사의 보안 경비원인 조셉 스택하우스 씨가 갑작스럽게 일어난 사고로 탱크들 중 하나에 들어 있던 화학용액을 흠뻑 뒤집어쓰게 되었던 것이다. 아무래도 이 사고는 근처 숲에서 사냥꾼이 잘못 쏜 유탄으로 탱크 중 하나에 구멍이 뚫려 일어났음에 틀림없다. 용액이 분출되기 시작했을 때 조셉 스택하우스 씨가 미처 피하지 못하고 화학용액으로 흠뻑 젖게 된 것이리라. 다행인 것은 그 화학용액은 농도 40%인 아세트산이었다. 아세트산은 비교적 약산성을 띠며, 피부에 그다지 심하지 않은 화상을 입히는 것으로 알려져 있다.

곧바로 조셉 스택하우스의 병문안을 간 라비샨카 박사는 그의 상처 부위가 생각보다 크지 않다는 것을 알고 안도의 한숨을 쉬었다. 스택하우스를 치료하던 담당 의사들은 그가 몇 주 내에 완전히 회복하겠지만, 팔에 몇 개의 탈색된 영구 흉터가 남게 될 것이라고 말했다. 그러나 어제 스택하우스 씨의 변호사가 라비샨카 박사에게 전화를 걸어, 스택하우스 씨가 자신이 입은 신체적, 정신적 피해에 대하여 샨카 화학약품회사를 상대로 소송을 벌일 생각이라고 알려왔다. 변호사는 그 지역에 종종 사냥꾼들이 나타나기 때문에 회사에서 화학약품 보관탱크를 탄알로부터 보호하기 위해 더욱 강하게 만들어야 했다고 말했다.

라비샨카 박사는 공장 부근에는 사냥감이 없어 사냥꾼들이 그 근처에서 길을 잃는 일이 결코 없으며 따라서 그런 사건이 일어날 확률이 매우 적다고 설명했다. 그럼에도 라비샨카 박사는 이 소송 때문에 그가 자신의 청춘을 바쳐 세운 이 사업이 재정적으로 파산할 수 있다는 것을 정확히 알고 있었다. 또한 스택하우스 씨에게 일어난 일에 대해 상당한 죄책감을 가지고 있어 스택하우스 씨와 합의할 생각까지도 하고 있었다. 라비는 박사의 이야기를 들으면서, 이 사건에 대한 보상금이 천문학적일 것이라고 생각했다.

라비샨카 박사는 이야기를 할수록 상심이 더 깊어지는 것 같았다. 박사는 긴 이야기 끝에 재킷 주머니에서 접힌 서류를 꺼내더니 식탁 위로 던졌다.

"여기에 샨카 화학약품회사의 최후를 보여주는 사건에 대한 모든 이야기가 들어 있어."

라비는 그가 헌신적인 과학자이고 훌륭한 인품을 갖춘 사람이라는 것을 알고 있었기 때문에 안됐다는 생각이 들었다. 식탁에는 잠시 어색한 침묵이 흘렀다. 라비는 라비샨카 박사가 식탁 위에 던져 놓은 사건 보고서를 집어 훌훌 넘기며 읽기 시작했다.

보고서의 첫 페이지에는 스택하우스 씨가 구멍이 뚫린 큰 탱크의 반대편에서 용액을 막 퍼내기 시작했던 대형 탱크로리 운전사에 의해 발견되었다고 쓰여 있었다. 그 운전사는 구급차를 불렀으며, 한 방의 총소리를 들었기 때문에 경찰도 함께 불렀다.

라비는 사건 보고서를 통해 경찰이 사건에 대하여 빠뜨리지 않고 자세히 기록해 놓는 등 상당히 빈틈없이 조사했음을 확인했다. 예를 들어, 구멍이 뚫린 탱크는 높이가 20m이고 폭이 10m인 원통 모양이며, 공장을 방문한 사람들이 탱크에 너무 가까이 다가가지 않도록 탱크에서 10m 밖으로 빙 둘러 끈으로 비상선이 쳐 있다는 것과 탱크로리 운전사가 오후 4시 12분에 그 공장에 도착한 것까지도 기록되어 있었다.

운전사는 계량기를 조사해서 탱크가 가득 채워져 있다는 것을 그의 기록일지에 적고, 탱크로리와 대형 탱크를 연결한 다음 오후 4시 26분에 용액을 탱크로리로 퍼내기 시작했다. 약 25분 후, 총소리를 들은 운전자는 즉시 밸브를 내렸는데, 탱크에 부착된 시계는 밸브가 오후 4시 52분에 닫힌 것으로 기록하고 있었다. 탱크로리 운전사는 총소리가 난 약 1분 후, 스택하우스 씨가 "도와주세요! 도와주세요! 용액에 젖었어요!"라고 소리를 지르며 반대편에서 달려왔다고 말했다.

탱크로리 운전사가 구급차를 부른 다음 경찰을 부른 것은 바로 이 점 때문이었다. 경찰이 도착했을 때, 실제로 탱크에 난 작은 총알구멍을 통해 용액이 줄줄 흐르고 있었다고 기록되어 있었다. 경찰의 기록에 따르면 그 구멍은 지면으로부터 9.5m 높이에 있었다.

라비는 그 경찰이 심지어 병원까지 가서 스택하우스 씨로부터 자신의 상처가 가볍다는 말을 했다는 것을 분명히 들었다는 기록을 남긴 것에 대해 상당히 감명받았다. 스택하우스 씨는 총알이 발포된 시간을 오후 4시 30분에서 5시 사이라고 정확하게 말하지 못했다. 그는 평소대로 비상선 안쪽을 돌며 탱크의 주변을 살피고 있었으며, 탱크로리 한 대가 배달할 용액을 퍼내기 위해 들어온다는 것도 알고 있었다. 하지만 그는 총소리가 울릴 때 탱크로리가 반대편에 있어 볼 수 없었다. 그가 총소리를 듣고 미리 그곳을 피하기도 전에 화학용액이 자신의 몸 위로 쏟아지는 것을 느꼈다. 무슨 일이 일어났는지를 알게 된 후 그는 바로 탱크를 돌아 운전사에게 달려가면서 도와달라고 소리를 질렀다고 기록되어 있었다.

그때까지 라비는 보고서의 자세한 설명을 읽는 데 너무 열중한 나머지 다른 사람들이 식탁을 떠나 거실로 간 것을 알아차리지 못했다. 라비는 잠시 더 의자에 앉은 채 생각에 빠져 있었다. 시간이 좀 더 흐른 뒤 라비는 거실로 걸어가 한창 진행 중인 대화에 끼어들었다.

"큰 탱크에 가득찬 용액은 얼마나 빨리 트럭으로 빠져나가나요?"

갑작스러운 라비의 질문에 모두 놀란 표정으로 라비를 쳐다보았다. "실례합니다"라고 말하지 않고 대화에 끼어들어서는 안 된다고 가르쳐 왔던 라비의 어머니는 라비의 갑작스러운 행동에 당혹감을 느꼈다. 실제로 여느 때와 달리 라비는 전혀 예의를 갖추지 않았다.

"라비, 그 속도를 알면 놀랄걸. 사실 신형 고압펌프 시스템은 분당 3,000리터를 퍼낸단다"

라비샨카 박사가 대답했다.

라비는 수학식을 상상할 때 하던 대로 눈을 감고 잠시 동안 생각에 빠졌다. 곧 눈을 뜬 라비는 라비샨카 박사에게 물었다.

"그 총알이 탱크에서 발견되었나요?"

"아니야. 아마 탱크의 밑바닥에 있을 거야."

라비샨카 박사가 대답하였다.

"제 생각에 박사님은 그 총알이 필요할 거예요"

라비가 선언하듯 말했다.

"왜?"

라비의 아버지가 불쑥 끼어들었다.

"스택하우스 씨가 거짓말을 하고 있다는 것을 증명해야 하니까요."

라비가 확신에 찬 어투로 대답했다.

# 사건 분석

라비가 이 사건의 해결을 위해 생각한 문제는 다음과 같다.

탱크에 총알이 뚫고 들어가 구멍이 났다면, 구멍을 통해 용액이 분출되기 시작할 때 용액은 탱크에서 얼마나 멀리 뿜어질 수 있을까?

이 문제에 대해 생각하면서 라비는 조셉 스택하우스가 말한 이야기 속에서 눈에 띄는 모순을 발견했다.

문제를 좀 더 친숙한 상황으로 바꾸면 생각하기가 쉽다. 즉 산카 화학약품회사의 아세트산으로 가득 차 있는 큰 탱크 대신, 물이 가득 들어 있는 깡통을 생각하면서 같은 문제를 검토한다.

힌트 : 이 문제는 물리학의 일부 개념을 알고 있으면 접근하기가 쉽다. 여기서 잠시 다루어 보자.

먼저, 무엇이 뚫린 구멍을 통해 물을 깡통 밖으로 분출시키는 것이 무엇인지에 대하여 생각해 보자. 깡통에 있는 구멍을 통해 물이 뿜어 나가도록 하는 에너지는 어디에서 나오는가?

이 문제의 해결에 있어서 기초가 되는 원리는 에너지 보존 법칙이다. 구멍 밖으로 분출하는 물의 운동에너지는 깡통 안에 있던 물의 위치에너지가 바뀐 것과 같다.

질량이 $M$인 물체가 속도 $v$로 이동할 때 운동에너지에 대한 일반적인 식은 $\frac{1}{2}Mv^2$인 반면, 질량이 $M$인 물체가 높이 $h$인 곳에 있을 때 위치에너지는 $Mgh$이다. 이때 $g$는 중력가속도를 나타낸다.

이 정보를 가지고 모든 위치에너지가 운동에너지로 바뀐다고 가정하면, 어떤 물체가 높이 $h$에서 낙하할 때 물체가 땅에 닿는 순간의 속력 $v_f$를 계산할 수 있다. 즉,

$$\frac{1}{2}Mv_f^2 = Mgh$$

그러므로 낙하하는 물체가 땅에 닿는 순간의 속력은 $v_f = \sqrt{2gh}$이다.

한편, 그 물체의 초속은 0이고, 땅에 닿을 때의 최종 속력은 바로 앞에서 계산한 것처럼 $v_f = \sqrt{2gh}$이다. 또 '필름 속 두 쇠공'의 사건 해결 과정에서 살펴보았던 대로, 낙하하는 물체의 속력은 중력가속도에 의해 시간에 대한 1차함수 형태로 증가하며, 낙하하는 데 걸리는 시간은 다음과 같다.

$$t = \sqrt{\frac{2h}{g}}$$

이와 같은 사실은 문제를 해결하는 데 가장 중요한 역할을 할 것이다.

이때 문제를 해결하는 과정에서 위에서 사용한 문자들을 재사용할 테지만, 그 문자의 의미가 다르다는 것을 주의해야 한다. 여기서 중요한 것은 물리적인 개념을 충분히 이해하고 그것을 적절하게 적용하는 것이다.

## 사건 해결

다음 문제를 생각해 보자.

높이가 $h$인 깡통에 물이 가득 들어 있다고 하자. 만약 이 깡통에 한 개의 구멍을 뚫으면, 물이 분출하며 일정한 수평거리 $a$만큼 날아가 땅에 닿게 된다. 이를 바탕으로 다음 물음에 답해 보자.

이 수평거리 $a$는 깡통의 윗면에서 구멍까지의 거리 $d$에 따라 달라질까? 물이 처음 분출할 때 얼마나 멀리 날아가는지 예상할 수 있는가? 즉, 수평거리 $a$를 $d$의 함수로 예측하기 위한 이 문제를 이론적인 모델로 구성할 수 있는가?

이것은 어려운 질문이다. 물이 분출하여 날아가는 거리에 영향을 미치는 또 다른 것들이 있는 것처럼 보인다. 물은 구멍 윗부분에 있는 물이 가하는 압력에 따라 구멍으로 떠밀려 나가게 된다. 그러므로 구멍이 아래에 있을수록(즉 $d$가 점점 더 커질수록), 물을 밀어내는 압력은 더 강해진다. 물은 일정한 수평분출 속력 $v$로 구멍 밖으로 분출되며, 땅까지 수직거리 $(h-d)$만큼 떨어질 것이다. 물이 땅에 닿기까지 걸리는 시간 $t$는 이 높이에 따라 달라진다. 즉 물이 날아가는 수평거리는 수평분출 속력 $v$와 물이 땅에 떨어지는 데 걸린 시간 $t$의 함수가 될 것이다.

$$a = vt$$

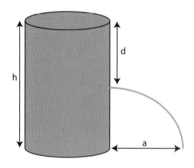

[그림 1] 옆면에 구멍이 있는 깡통에 물이 가득 채워져 있다.

아마도 $d$의 값이 클수록(즉 구멍이 아래에 위치할수록), $a$의 값은 더 커질 것이다. 그것은 수평분출속력 $v$의 값이 더 커지기 때문이다. 하지만 그에 따라 물이 수평으로 날아가는 데 걸리는 시간은 더 짧아진다. 그것은 땅으로 떨어지는 수직거리 $(h-d)$가 더 짧아지기 때문이다.

수평분출속력을 구하기 위하여 구멍을 뚫는 순간 깡통에서 빠져나가는 물의 운동에너지를 계산해 보자. 에너지 보존 법칙에 의해, 이 운동에너지는 깡통에 있던 물의 위치에너지가 바뀐 것과 같다. [그림 2]의 (a)는 깡통의 부피를 세 부분으로 구분해 놓은 것이다. 나누어진 3개의 부분을 각각 영역 1, 영역 2, 영역 3이라 하자. 각 영역은 깡통에 구멍을 뚫기 전에 각각 위치에너지 $E_1$, $E_2$, $E_3$을 가지고 있다. 따라서 깡통에 있는 물의 전체에너지 양은 $E_1 + E_2 + E_3$이다.

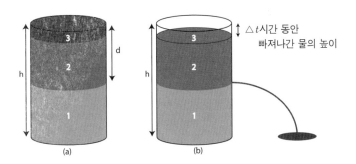

[그림 2]
(a) 구멍을 뚫기 전 물이 가득 찬 깡통
(b) 구멍을 뚫은 후 $\triangle t$시간 동안 물이 빠져나간 깡통

이번에는 [그림 2]의 (b)와 같이 깡통에 구멍을 뚫은 후 매우 짧은 $\triangle t$시간 동안 물이 빠져나간 상황을 생각해 보자. 동시에 위치에너지에 영향을 미치는 요인들(질량, 그 질량이 있는 곳과 땅까지의 높

이)도 생각해 보자. 영역 1은 구멍 아래의 물이 차지하고 있으며, 뚫린 구멍에 의해 아무것도 변하지 않는다. 따라서 영역 1의 위치에너지는 항상 $E_1$이다. 영역 2와 영역 3은 구멍 위에 있어 물이 구멍을 통해 빠져나가면, 1개 또는 2개 영역의 에너지가 바뀌어야 한다. 이때 영역 2에 있는 물의 위치에너지를 살펴보면, 전혀 변함이 없음을 알 수 있다. 그것은 영역 2의 바닥 높이에서 물이 빠져나감으로써 물이 빠져나가기 전과 같은 물분자는 아니지만, 영역 3에서 영역 2로 이동한 물은 구멍을 뚫기 전 거기에 있던 물과 같은 에너지를 갖기 때문이다. 달리 말하면 같은 질량이 같은 높이에 계속 남아 있기 때문이다. 따라서 [그림 2]의 (b)에서 깡통에 있는 물의 전체에너지는 $E_1 + E_2$이다. 이때 영역 3은 비게 되어 질량이 없음은 물론 에너지도 0이다!

$E_3$의 값을 찾기 위하여, 영역 3의 부피를 먼저 구해 보기로 하자.

깡통의 밑면은 일정한 넓이 $A_c$를 가지고 있으며, 물이 깡통을 빠져나감에 따라 물의 수위가 일정한 속도 $v_c$로 낮아지므로 시간이 $\triangle t$만큼 조금이라도 흐르면 물의 수위는 $v_c \triangle t$로 변하게 된다. 따라서 영역 3의 부피는 $A_c v_c \triangle t$이다. 한편 물의 질량은 부피에 물의 밀도 $W$를 곱한 것이다. 물의 질량은 깡통에 물이 가득 들어 있을 때를 말한다. 이때 구멍을 뚫으면 물이 빠져나가게 되고, 물이 빠져나감으로써 비게 되는 부분의 높이를 $d$([그림 2]의 (b)의 경우 영역 3의 높이)라 하면 운동에너지로 바뀌어야 할 위치에너지 $E_3$는 다음과 같다.

$$WA_c v_c \triangle tgd$$

질량 $WA_c v_c \triangle t$는 구멍으로 분출되는 물의 질량과 같다. 따라서 깡통에서 빠져나가는 물의 운동에너지는 다음처럼 쓸 수 있다.

$$\frac{1}{2} WA_c v_c \triangle tv^2$$

이는 에너지 보존 법칙에 의해 다음과 같이 쓸 수 있다.

$$\frac{1}{2} WA_c v_c \triangle tv^2 = WA_c v_c \triangle tgd$$

양변에서 같은 값을 약분하여 정리한다.

$$\frac{1}{2} v^2 = gd$$

따라서 구멍을 빠져나가는 물의 수평속력은 $v = \sqrt{2gd}$ 이다. 이것이 어떤 물체가 높이가 $d$인 곳에서 낙하할 때 땅에 닿을 때까지의 수직속도와 같다는 것은 매우 놀라운 일이다!

물이 수직으로 떨어지는 거리는 $h - d$이다. 따라서 물이 떨어지는 데 걸리는 시간은 다음과 같다.

$$t_{낙하} = \sqrt{\frac{2(h-d)}{g}}$$

이제 변수 $d$에 따라 달라지는 $a$에 관한 식을 쓰는 데 필요한 정보를 가지고 있다. 따라서 다음과 같은 식이 성립된다.

$$a(d)=v_h t_{낙하}$$

$$=\sqrt{2gd}\,\sqrt{\frac{2(h-d)}{g}}$$

$$=2\sqrt{d(h-d)}$$

이 식은 일정한 높이 $h$를 갖는 깡통에서 $d$의 함수로 $a$를 예상하는 데 사용될 수 있다.

식 $a(d)=2\sqrt{d(h-d)}$에서 $\sqrt{d(h-d)}$는 두 양수 $d$와 $h-d$의 기하평균이다. 이때 $d$와 $h-d$의 합이 $h$이므로 $\sqrt{d(h-d)}$의 최댓값은 $d$와 $h-d$의 산술평균, 즉 $\frac{h}{2}$이다(이 최댓값은 $d=h-d$ 또는 $d=\frac{h}{2}$일 때에만 성립한다).

그러므로 $a$의 최댓값은 $d=\frac{h}{2}$일 때, 곧 구멍이 깡통의 중간에 있을 때이다. 따라서 최대거리를 구해 보면 다음과 같다.

$$a_{최댓값}=2\left\{최댓값\left(\sqrt{d(h-d)}\right)\right\}$$

$$=2\times\frac{h}{2}$$

$$=h$$

바꾸어 말하면, 최대거리는 깡통의 높이와 같다.

놀라운 것은 $a(d)$와 $a_{최댓값}$가 깡통의 직경이나 구멍의 크기와는 별 상관이 없다는 것이다!

이제 우리의 문제가 해결되었다. 라비는 용액이 탱크에서 얼마나 멀리 분출될 수 있는가를 내내 계산했다. 사건이 일어난 화학약품회사의 탱크 높이는 20m이고, 직경은 10m이다. 대형 탱크로리가 용액을 퍼내기 전에는 탱크에 용액이 가득 담겨 있었다. 한편 대형 탱크로리는 분당 3,000$l$의 용액을 퍼내므로, 탱크에서 26분 동안 78,000$l$의 용액을 퍼냈다. 탱크의 반경이 5㎡이므로, 밑면의 넓이는 $\pi(5m)^2$ 또는 약 78.5㎡이다. 1$ml$의 부피는 1㎤에 들어 있는 양이므로, 1㎥=$(100cm)^3$=$10^6$㎤=$10^6$$ml$이다. 이것은 1000$l$와 같다. 따라서 단면의 넓이가 78.5㎡인 탱크에서 용액의 수위가 1m 떨어지면, 약 78,500$l$의 용액이 빠져나간 것과 같다.

이것으로 보아 총이 발사된 순간, 탱크에서 용액의 수위는 20m에서 19m 조금 위까지 떨어졌음을 알 수 있다. 여기서는 수위를 19m로 생각하고 계속 문제를 해결하기로 하자. 이때 탱크의 높이가 아예 $h$=19m라고 생각해도 된다. 이 문제에서 원래 탱크의 높이가 얼마인지는 중요하지 않으며 단지 땅 위에서 용액의 수위가 중요하기 때문이다. 따라서 용액이 19m 높이까지 들어 있다면, 탱크의 높이가 19m라고 생각해도 무방하다. 총알구멍은 땅에서부터 9.5m 높이에 있었다. 이것은 구멍이 용액의 수위 9.5m 아래, 즉 탱크(19m 높이의 탱크)의 한가운데에 있었다는 것을 뜻한

다. 따라서 $d=9.5\mathrm{m}$인 것과 같다. 이것은 곧 용액이 땅에 닿기 전에 $h$ 또는 이 경우에 19m의 거리만큼 날아갔다는 것을 의미한다.

그러나 조셉 스택하우스는 총소리가 울렸을 때 탱크로부터 10m 떨어진 곳에 친 비상선의 안쪽을 걸어가고 있었으며, 그가 피하기 전에 몸이 흠뻑 젖었다고 증언했다. 그런데 이것은 물리적으로 불가능하다. 보통 사람은 키가 2m보다 작기 때문이다.

따라서 내릴 수 있는 유일한 결론은 그가 이야기를 꾸며냈으며, 자신의 총을 사용하여 탱크에 스스로 구멍을 냈다는 것이다. 아세트산(농도가 40%인 경우에는 경도 화상을 입는다)으로 몸을 적신 후, 대형 탱크로리 운전사에게 달려가 젖었다고 외쳤던 것이다. 이것은 모두 샨카 화학약품회사로부터 많은 배상금을 얻어내려는 의도였다.

라비가 이런 증거를 제시하자, 조셉 스택하우스를 체포하기 위한 구속영장이 발급되었다. 총알은 용액을 다 빼낸 탱크의 바닥에서 발견되었으며, 조셉 스택하우스가 가지고 있는 총에 들어맞는 것이었다.

# 퇴학 당할 뻔하다

교실 문이 벌컥 열리더니, "실례합니다"라는 말도 없이 단징 선생님이 걸어 들어왔다. 뒤이어 11학년 학생 알렌 카이텔과 빌 헤닝스가 따라 들어왔다.

　"단징 선생님, 무슨 일이시죠?"

　역사를 가르치던 쉘비 선생님이 3교시 역사 수업에 방해를 받은 것에 대해 다소 놀란 듯이 물었다. 그는 다음 주에 있을 기말고사를 대비하여 중요 내용을 복습하고 있었다.

　단징 선생님은 쉘비 선생님이 수업하는 교실에 갑자기 문을 열고 들어간 자신의 무례함을 뒤늦게 알아차렸다. 기초해석학을 맡고 있는 단징 선생님은 뛰어나고 헌신적인 교사지만, 다소 흥분을 잘하며, 일단 흥분하면 충동적으로 행동하는 선생님으로 소문이 나 있었다.

　"정말 죄송합니다 쉘비 선생님. 약간의 문제가 있어서 방해를 하게 되었습니다. 문제를 해결하기 위해 라비를 잠시만 좀 데려가겠습니다. 그러지 않으면 몇 사람이 다소 심각한 곤경에 빠지게 될 것입니다."

단징 선생님이 알렌과 빌을 노려봄과 동시에 마지막 말에 힘을 주면서 말했다.

"글쎄요. 이건 좀 규칙에 어긋난 일이기는 하지만 라비가 꼭 복습을 하지는 않아도 될 것 같군요. 그렇게 하시지요, 단징 선생님. 라비가 괜찮다면 말입니다"

쉘비 선생님이 대답했다.

라비는 책상에서 일어나 역사 공책을 가방에 넣고 교실을 걸어 나오며 말했다.

"감사합니다, 쉘비 선생님. 이번 일은 죄송합니다."

흥분을 가라앉힌 단징 선생님은 바로 라비에게 상황을 설명하기 시작했다.

"라비, 수업을 방해해서 미안하구나. 카이텔 군과 헤닝스 군이 나를 속인 죄로 교장실로 데려갈 참이었어. 그런데 네가 그들의 결백을 밝혀줄 것이라고 간청해서 너에게 갔던 거야."

"도대체 무슨 일이죠?"

라비가 놀라서 물었다. 알렌과 빌은 모두 라비의 친한 친구이자 수학 문제풀이 동아리 회원이었다. 라비는 그들이 수학을 매우 잘하며 누군가를 속이려고 하지 않는다는 것을 알고 있었다. 알렌이 안달이 났는지 먼저 이야기하기 시작했다.

"라비, 우리가 생각해 낸 해법에 대해 단징 선생님에게 설명하려고 했……"

하지만 곧바로 단징 선생님이 알렌의 말을 끊고 끼어들었다.

"문제는 이거야, 라비. 지난달, 나는 내 기초해석학 수업을 듣는 학생들에게 말했어. 만약 매우 창의적인 수학 문제를 생각해 내고 푼다면, 기말고사를 면제해 주고 이번 학기의 평균 점수를 그들의 점수로 인정하기로 말야. 그런데 카이텔 군과 헤닝스 군이 내가 베푼 친절을 속임수로 되갚으려고 했어!"

"단징 선생님, 저 두 친구들이 어떻게 선생님을 속였죠?"

라비는 틀림없이 오해가 있었을 거라고 생각하면서 물었다. 단징 선생님이 대답하는 도중 다시 흥분하기 시작했다.

"카이텔과 헤닝스가 자신들이 생각해 냈고 해결한 근사한 문제가 있다고 말했어. 그래서 그것을 보여달라고 하자 그들은 직접 보여주는 것이 더 인상적일 것이라고 하더구나. 그리고는 알렌이 내 책상 앞으로 다가와 나에게 하나의 양의 정수를 말해주고 나 혼자만 알고 있을 것을 요구했어. 그러자 또 빌이 내 책상 앞으로 다가오더니 다른 양의 정수를 말해 주었어. 그들 둘은 자신들이 각자 별개로 그 수들을 선택했고, 어느 누구도 상대방이 선택한 수를 모르고 있다고 주장했어. 그런 다음 나에게 칠판에 특별한 순서 없이 두 수를 쓰라고 하더군. 하나는 그들이 나에게 각자 말해 준 두 수를 더한 것을 쓰고, 다른 하나는 어떤 수든지 그들이 모르는 한 수를 내가 선택하여 쓰도록 했어. 나는 그들이 요구하는 대로 했어. 그때 빌이 알렌 쪽으로 몸을 돌리더니 "너는 내 수가 무엇인지 아니?"라고 물었어. 그러자 알렌은 모른다고 대답했고 다시 빌에게 "너는 내 수가 무엇인지 아니?"라고 되물었어. 빌 역시 자신도 모르겠다고 대답했어. 그들은 몇 번이나 지금처럼 서로 같은 질문을 반복했고 그때마다 그들은 상대방의 수를 모르겠다고 대답했어. 그런데 갑자기, 알렌이 빌에게 똑같은 질문을 했을 때, 빌이 알렌이 선택한 수를 안다고 말하면서 뒤이어 알렌이 선택한 '비밀'의 수를 나에게 말했어."

단징 선생님은 '비밀'이라는 단어를 말할 때 손가락으로 공중에 물음표를 그리면서 비꼬는 어조로 말을 끝냈다.

"단징 선생님, 그들이 어떻게 그렇게 했다고 생각하세요?"

라비는 마치 자신에게 말하기라도 하듯이 질문했다.

단징 선생님은 손으로 제스처를 취하면서 대답했다.

"분명해. 그들이 나를 속였어! 둘이서 공모해 그 수들을 선택한 다음, 이런 유치한 쇼를 벌였다고 생각해. 하지만 어리석은 짓이야."

"우리가 선생님의 교실로 가서 직접 해 보면 어떨까요?"

라비가 물었다. 단징 선생님은 라비의 명석함을 알고 있었기 때문에 바로 동의한 뒤 빈 교실로 되돌아갔다.

라비는 알렌과 빌에게 서로 마주 보고 교실의 맞은편 끝에 앉도록 한 다음, 단징 선생님에게 어떤 것이라도 원하는 한 개의 양의 정수를 선택하고 그것을 종이에 쓰도록 했다. 단징 선생님이

3862라는 수를 선택하자 라비는 그 종이를 접어 알렌에게 주면서 말했다.

"알렌, 이 수가 너의 비밀의 수야."

라비는 단징 선생님에게 앞의 과정을 반복하도록 한 뒤 단징 선생님이 종이 위에 쓴 4139를 접어 빌에게 줬다.

그런 다음, 단징 선생님에게 앞에서 알렌과 빌이 했던 것처럼 두 수를 특별한 순서 없이 칠판 위에 쓰도록 했다. 그중 한 수는 알렌과 빌에게 적어준 두 수의 합을 나타낸 수이고, 다른 한 수는 그가 어느 것이든지 선택하도록 했다.

단징 선생님이 칠판 앞으로 가더니 8215와 8001이라고 쓴 뒤 자신의 책상으로 걸어가 팔짱을 낀 채 알렌과 빌을 주시하면서 의자에 앉았다.

라비가 알렌 쪽으로 몸을 돌리더니 물었다.

"알렌, 두 수가 무엇인지 아니?"

"아니, 모르겠어"

알렌이 대답하자 이번에는 빌 쪽으로 몸을 돌려 같은 질문을 했다.

"빌, 두 수가 무엇인지 아니?"

"아니, 나도 모르겠어"

여러 번 같은 질문과 대답을 주고받는 동안, 단징 선생님은 그 수들을 자신이 선택했음은 물론 두 소년이 서로 은밀하게 결탁할 수 없기 때문에, 이 문제를 해결할 수 없으며 결국 두 소년은 막 다른 골목에 다다라 오도가도 못하게 될 것이라는 확신을 점점 더 강하게 굳혔다.

단징 선생님이 이 상황을 끝내기 위해 막 일어서려고 할 때, 라비가 물었다.

"빌, 그 수들이 무엇인지 아니?"

"그래, 알겠어!"

빌이 안도감을 나타내면서 외쳤다. 빌은 자신이 가지고 있는 수뿐만 아니라 알렌이 가지고 있는 수까지 계속하여 말하였다.

단징 선생님이 책상에서 뛰어나오면서 말했다.

"그 종이를 좀 보자."

두 소년이 종이를 내밀었고, 빌이 말한 두 수가 실제로 맞았다.

"어떻게 했지?"

단징 선생님이 물었다.

"어떤 속임수를 쓴 거니? 네 목소리 맞니? '아니, 모르겠어'라는 말은 그 수가 수천일 수도 있지만 수백을 의미할 수도 있잖니? 그게 그거 아니야? 음절과 관련이 있는 거지, 그렇지?"

단징 선생님은 거의 광란 상태가 되어갔다.

"네가 말하는 것을 들었어. 나는 아직도 이해하지 못하겠어." 그는 무서워 떨고 있는 알렌과 빌을 향해 집게손가락을 까딱거리며 거의 비명을 지르듯이 말하였다.

"단징 선생님…… 단징 선생님!"

라비는 단징 선생님이 주의를 기울일 때까지 침착하면서도 단호하게 선생님의 이름을 되풀이해서 불렀다. 단징 선생님은 동작을 멈추고 당황스런 표정으로 라비를 쳐다보았다.

"단징 선생님, 어떤 속임수도 쓰지 않았어요. 그것은 논리적으로 타당한 수학이에요. 알렌과 빌은 정말 뛰어난 문제를 생각해 냈어요. 제가 선생님을 납득시킬 수 있도록 조금만 시간을 주세요"

라비가 칠판 앞으로 걸어나가며 말했다.

라비는 알렌과 빌의 '묘기'이면에 숨겨진 수학을 단징 선생님에게 보여주었다. 자, 여러분도 똑같이 할 수 있는가?

먼저 문제를 분석해 보자. 수학의 아름다움은 우리가 상식적으로 분명히 참이라고 생각하는 것을 뒤엎고, 그 이면에 깔린 치밀함과 간결함으로 그것이 명백하지 않다는 것을 밝힐 때 나타난다. 바로 이 사건과 같은 경우처럼 말이다.

편리하게 알렌을 A, 빌을 B라 하고 문제를 다음과 같이 형식적으로 기술해 보자.

선생님이 두 명의 학생 A와 B에게 각각 양의 정수를 하나씩 제시하였다. 하지만 두 학생 모두 상대방의 수를 모른다. 선생님이 칠판에 두 개의 양의 정수를 쓰고 이 두 학생에게 두 정수 중 하나는 두 학생의 수를 더한 것이고 다른 한 수는 무작위로 선택한 수라는 것을 이야기한다. 그리고 나서, A에게 B의 수를 아는지 묻는다. 만약 A가 모른다고 하면, B에게 같은 질문을 한다. 두 학생 중 한 명이 상대방의 수를 말할 수 있을 때까지 이와 같은 과정을 계속 되풀이한다.

힌트: 문제에서는 'A 또는 B가 그 수들을 계산하기 위하여 임의의 추가 정보를 어떻게 얻을 것인가?'에 대해서 분명하게 제시하지 않고 있다. 이 문제를 해결할 때 중요한 것은 다음 질문에 대하여 열심히 생각하는 것이다.

두 학생 중 한 명이 상대방의 수를 모른다고 대답할 때, 이 대답에 의해 얻게 되는 어떤 특별한 정보가 있는가?

선생님이 A와 B에게 서로 다른 양의 정수 $a$와 $b$를 각각 제시하고, 칠판에 두 수 $M$과 $N$을 썼다고 가정해 보자. 이때 두 수 $M$과 $N$ 중 하나는 $a$와 $b$를 더한 것이다. $N < M$이고, $M$과 $N$의 차를 $d$라고 하자.

이때 조건에서 $a$와 $b$를 양의 정수라고 했기 때문에 $a > 0$, $b > 0$이다.

| A | B |
|---|---|
| $a$ | $b$ |
| $a+b=N$ 또는 $a+b=M$<br>또는<br>$b=N-a$ 또는 $b=M-a$ | $a+b=N$ 또는 $a+b=M$<br>또는<br>$a=N-b$ 또는 $a=M-b$ |
| $d=M-N$ ||

이 문제에서 가장 중요한 것은 매번 되풀이되는 "몰라요"라는

대답을 통해 문제 해결을 위한 결정적인 정보가 점점 쌓이고, 두 학생이 이 누적되는 정보를 놓치지 않고 꾸준히 추론을 해야 한다는 점이다.

B의 $k$번째 계속된 "몰라요"라는 대답을 듣고, A가 내릴 수 있는 결론을 $A_k$라 하고, B가 A의 $k$번째 계속된 "몰라요"라는 대답을 듣고 B가 내릴 수 있는 결론을 $B_k$라 하자.

첫 번째 질문이 주어지자, A가 "몰라요"라고 대답한다. 이것은 B에게 어떤 정보를 주게 된다. 그것은 A가 "알아요"라고 대답할 수도 있었기 때문이다. 만약 $N$이 $a$보다 작거나 같으면, A는 두 수의 합이 $N$이 될 수 없으며, 따라서 두 소년에게 주어진 두 수의 합이 $M$(즉, $N<a$이면 $b=M-a$)이 되어야 한다는 것을 알게 될 것이다. 그러므로 $B$는 다음과 같은 결론을 내리게 된다.

$$B_1: N > a$$

그다음에 B가 "몰라요"라고 대답하면, A는 $b$에 대한 새로운 정보를 추론할 수 있다.

| A | | B |
|---|---|---|
| 몰라요 | $\longrightarrow$ | $B_1: a < N$ |
| $A_1: ?$ | $\longleftarrow$ | 몰라요 |

먼저, B₁과 마찬가지로 A도 $N > b$임을 추론한다. 그러나 A가 "몰라요"라고 대답한 다음에, B가 "몰라요"라고 대답하게 되면, 부가적으로 중요한 사실 $b > d$을 추론할 수 있다. 만약 $b \leq d$이면, B는 다음의 추론과정에 의해 $a + b < M$임을 알게 되었을 것이다.

$N + d = M$ ($d$의 정의에 의해)

$a < N$ (A가 첫 번째 "몰라요"라고 대답한 후 두 소년에 의해 알고 있는 B₁)

$b \leq d$ (가정에 의해)

이때 부등식들끼리 더하면 $a + b < N + d$이 되며 $a + b < M$과 같다. 따라서 $a + b$는 $N$과 같게 될 것이다.

하지만 B는 합을 생각해 내지 못하므로, A는 $b$가 $d$보다 커야 한다는 것을 알게 되었으며, 다음과 같이 결론을 내리게 된다.

$$A_1 : d < b < N$$

여기에서 두 소년이 이것을 알게 된 것이다.

| A | | B |
|---|---|---|
| 몰라요 | ← | $B_1 : a < N$ |
| $A_1 : d < b < N$ | → | 몰라요 |
| 몰라요 | → | $B_2 : ?$ |

만약 A가 다음에 "몰라요"라고 대답하면, B는 $a < N - d$임을 추론할 수 있다. 만약 $a \geq N - d$이면, A는 다음의 과정을 통해 $a + b > N$임을 알게 되었을 것이다.

$$b > d \text{(두 소년에 의해 알고 있는 } A_1)$$

$$a \geq N - d \text{(가정)}$$

두 부등식을 더하면 다음과 같다.

$$a + b > (N - d) + d = N$$

따라서 A는 합이 M이 됨을 알게 되었을 것이다. 하지만 A는 그 합을 알지 못했기 때문에, B가 $a < N - d$임을 알아챈 것이다.

$$B_2 : a < N - d$$

| A | | B |
|---|---|---|
| 몰라요 | $\longrightarrow$ | $B_1 : a < N$ |
| $A_1 : d < b < N$ | $\longleftarrow$ | 몰라요 |
| 몰라요 | $\longrightarrow$ | $B_2 : a < N - d$ |
| $A_2 : ?$ | $\longleftarrow$ | 몰라요 |

다시 B가 "몰라요"라고 대답하면, A는 $2d < b < N$임을 추론할 수 있다. 만약 $b \leq 2d$이면, B는 다음을 통해 $a + b < M$임을 알게

되었을 것이다.

$$a < N-d \; (a+b>N, \text{두 소년에 의해 알고 있는})$$

$$b \leq 2d \; (\text{가정})$$

이때 두 부등식의 좌변과 우변을 각각 더하면

$$a+b < (N-d)+2d=N+d=M$$

따라서 B는 두 수의 합이 $N$이 된다는 것을 알게 되었을 것이다 (그것은 $M$이 될 리가 없다). 그러나 B가 "몰라요"라고 대답했기 때문에, A는 $b>2d$임을 알게 된 것이다.

$$A_2 : 2d < b < N$$

| A | | B |
|---|---|---|
| 몰라요 | $\rightarrow$ | $B_1: a < N$ |
| $A_1: d < b < N$ | $\leftarrow$ | 몰라요 |
| 몰라요 | $\rightarrow$ | $B_2: a < N-d$ |
| $A_2: 2d < b < N$ | $\leftarrow$ | 몰라요 |
| 몰라요 | $\rightarrow$ | $B_3: ?$ |

만약 A의 다음 답변이 "몰라요"이면, B는 $a < N-2d$임을 추론할 수 있다. 만약 $a \geq N-2d$이면 A는 다음을 통해 합이 되는 수

를 생각할 수 있었을 것이다.

$$b > 2d \text{ (A}_2\text{, 두 소년에 의해 알고 있는)}$$
$$a \geq N - 2d \text{ (가정에 의해)}$$

마지막 두 부등식에서 우변과 좌변을 각각 더하면 다음과 같다.

$$a + b > (N - 2d) + 2d = N$$

따라서 A는 그 합이 $M$이라는 것을 알게 되었을 것이다. 하지만 A가 이것을 알지 못했으므로 B가 $a < N - 2d$임을 알게 된 것이다.

$$B_3: a < N - 2d$$

| A | | B |
|---|---|---|
| 몰라요 | $\longrightarrow$ | $B_1: a < N$ |
| $A_1: d < b < N$ | $\longleftarrow$ | 몰라요 |
| 몰라요 | $\longrightarrow$ | $B_2: a < N - d$ |
| $A_2: 2d < b < N$ | $\longleftarrow$ | 몰라요 |
| 몰라요 | $\longrightarrow$ | $B_3: a < N - 2d$ |

여기서 A와 B가 추론할 때 어떤 패턴이 있음을 알 수 있다. 매번 계속되는 "몰라요"의 대답을 듣고, 두 소년은 상대방의 수에

대한 새로운 정보를 추론할 수 있으며 합에 점점 더 가깝게 생각하게 된다. B는 다음의 패턴에 따라 추론하며,

$$B_k: a < N - (k-1)d$$

A는 다음 패턴에 따라 추론한다.

$$A_k: kd < b < N$$

(이 일반적인 패턴은 귀납법에 의해 증명할 수 있으며, 독자를 위한 연습문제로 남겨두겠다.) 따라서 "몰라요"의 대답이 계속 이어지면 $a$와 $b$ 값의 범위가 점점 더 좁혀지게 된다는 것을 알 수 있다. 예를 들어, A는 $b$가 두 수 $N-a$와 $M-a$ 중의 하나라는 것을 알게 된다. 그런 다음 A는 추론을 통해 두 수 중 한 가지를 배제하고 정확하게 $b$의 값을 추론하기 위해 기다린다. 그사이에 B는 $a$를 추론하기 위하여 같은 방법을 이용한다.

| A | | B |
|:---:|:---:|:---:|
| 몰라요 | $\longrightarrow$ | $B_1: a < N$ |
| $A_1: d < b < N$ | $\longleftarrow$ | 몰라요 |
| 몰라요 | $\longrightarrow$ | $B_2: a < N - d$ |
| $A_2: 2d < b < N$ | $\longleftarrow$ | 몰라요 |
| 몰라요 | $\longrightarrow$ | $B_3: a < N - 2d$ |
| $\vdots$ | | $\vdots$ |
| 몰라요 | $\longleftarrow$ | $B_k: a < N - (k-1)d$ |
| $A_k: kd < b < N$ | $\longrightarrow$ | 몰라요 |

결국, 두 소년 중 한 명이 "알아요"라고 대답할 것이며, 위의 추론 과정이 끝날 것이다. "몰라요"의 대답을 할 때마다 $k$의 값은 증가한다(일정한 비율로). 하지만 유한한 양의 정수를 다루고 있기 때문에, 다음 중 한 가지 경우가 성립하는 시점에 도달해야 한다.

1. $kd \geq b$이다. 그러면 B는 $a+b=N$이라는 결론을 내리게 되며 게임이 끝난다.

2. $(k-1)d \geq N-a$이다. 그러면 A는 $a+b=N+d=M$이라는 결론을 내리게 되며 게임이 끝난다.

이 과정은 문제로 제시된 예를 생각하고 이해하는 데 많은 도움이 될 것이다. 선생님은 $a=3862$, $b=4139$을 썼고 칠판에는 8001과 8215를 썼다. 그런 다음 두 소년에게 번갈아가며 그들이 그 수가 무엇인지를 알고 있는지 묻기 시작하였다.

두 학생은 다음과 같은 정보를 가지고 상대방의 수를 추론하기 시작한다.

| A | B |
|---|---|
| $a=3862$ | $b=4139$ |
| $a+b=8001$ 또는 $a+b=8215$<br>또는<br>$b=4139$ 또는 $b=4353$ | $a+b=8001$ 또는 $a+b=8215$<br>또는<br>$a=3862$ 또는 $a=4076$ |
| $d=8215-8001=214$ ||

A의 첫 번째 대답이 "몰라요"이기 때문에, B는 $B_1 : a < 8001$
임을 쉽게 생각해 낼 수 있다.

| A | B |
|---|---|
| 몰라요 $\longrightarrow$ | $B_1 : a < 8001$ |

만약 $a \geq 8001$이면, A는 그 두 수의 합이 도저히 8001이 될 수
없으며, 따라서 그 합은 8215가 되어야 한다는 것을 알게 되어,
뺄셈에 의해 $b$를 추론하게 될 것이다.

그다음에 B의 대답이 "몰라요"이면, A는 A1 $:214 < b < 8001$임
을 추론할 수 있다.

| A | B |
|---|---|
| 몰라요 $\longrightarrow$ | $B_1 : a < 8001$ |
| $A_1 : 214 < b < 8001$ $\longleftarrow$ | 몰라요 |

$b \leq 214$이면, B는 $a+b < 8215$임을 알게 될 것이다(그것은 두 소년이 지금 $a < 8001$임을 알고 있기 때문이다). 따라서 B는 합이 8001이 될 것이라는 것을 생각해 냈을 것이다(그런 다음 뺄셈에 의해 $a$를 구할 수 있었을 것이다).

B가 합을 생각해 내지 못했기 때문에, A는 $b > 214$임을 알게된 것이다. B도 A와 마찬가지로 이것을 추론할 수 있으며, A가 이 사실을 알게 되었다는 것도 알고 있다.

만약 A의 다음 대답이 "몰라요"라면, B는 $B_2 : a < 7787 (=8001 -214)$임을 추론할 수 있다.

| A | | B |
|---|---|---|
| 몰라요 | $\longrightarrow$ | $B_1 : a < 8001$ |
| $A_1 : 214 < b < 8001$ | $\longleftarrow$ | 몰라요 |
| 몰라요 | $\longrightarrow$ | $B_2 : a < 7787 (8001-214)$ |

만약 $a \geq 7787$이면, A는 다음과 같은 생각했을 것이다.

$b > 214$(A와 B가 알고 있는 $A_1$에 의해)

$a \geq 7787$(가정에 의해)

$a+b > 7787+214=8001$

따라서 A는 합이 8215가 되어야 한다는 것을 추론했을 것이다. 하지만 A가 추론을 못했기 때문에 여기서 B는 $a < 7787$임을 알게 된 것이다. 또 A는 B가 이 사실을 알게 되었다는 것을 알고 있다.

다음에 다시 B가 "몰라요"라고 대답하면, A는 $A_2$: $428 < b < 8001$임을 추론할 수 있다.

| A | | B |
|---|---|---|
| 몰라요 | $\longrightarrow$ | $B_1$: $a < 8001$ |
| $A_1$: $214 < b < 8001$ | $\longleftarrow$ | 몰라요 |
| 몰라요 | $\longrightarrow$ | $B_2$: $a < 7787 {\scriptstyle (8001-214)}$ |
| $A_2$: $428 < b < 8001$ | $\longleftarrow$ | 몰라요 |

만약 $b \leq 428$(즉 $2 \times 214$ 또는 $2d$)이면, B는 다음과 같이 생각했을 것이다.

$$a < 7787$$
$$b \leq 428$$
$$a + b < 7787 + 428 = 8215$$

이때 B가 이것을 추론하지 못했기 때문에, 여기서 A는 $b > 428$이라는 결론을 내릴 수 있다(그리고 B는 A가 이것을 알게 되었다는 것을 알고 있다).

$A$의 다음 대답이 다시 "몰라요"이면, B는 B$_3$: $a < 7573$(즉, $8001 - 214 \times 2$)임을 추론할 수 있다.

| A | | B |
|---|:---:|---|
| 몰라요 | $\longrightarrow$ | B$_1$: $a < 8001$ |
| A$_1$: $214 < b < 8001$ | $\longleftarrow$ | 몰라요 |
| 몰라요 | $\longrightarrow$ | B$_2$: $a < 7787$ ($8001-214$) |
| A$_2$: $428 < b < 8001$ | $\longleftarrow$ | 몰라요 |
| 몰라요 | $\longleftarrow$ | B$_3$: $a < 7787$ ($8001-214 \times 2$) |

만약 $a \geq 7573$이면, A는 다음과 같이 생각했을 것이다.

$$b > 428$$
$$a \geq 7573$$
$$a + b > 7573 + 428 = 8001$$

그러므로 결국 합이 8215가 된다는 것을 알게 되었을 것이다.

이쯤에서 A와 B의 추론 내용을 잘 살펴보면 어떤 패턴이 있음을 확인할 수 있다. A가 매번 연달아 "몰라요"라고 답할 때, B는 다음과 같은 패턴으로 계속하여 추론한다.

$$B_k: a < 8001 - 214(k-1)$$

반면 B가 매번 연달아 "몰라요"라고 답할 때, A는 다음과 같은 패턴으로 추론한다.

$$A_k: 214k < b < 8001$$

이 과정은 $214k \geq 4139$일 때 B가 "알아요"라고 대답하거나 또는 $214(k-1) \geq 4139$(즉, $214k \geq 4353$)일 때 A가 "알아요"라고 답할 때 끝이 난다. 이 사건에서는 B가 $a$를 계산해 넘으로써, A가 $b$를 추론하기 전에 "알아요"라고 대답할 수 있었다. 우리는 다음 계산을 통해 이것을 확인해 보자.

$214k \geq 4139$                 $214k \geq 4353$

$k \geq \dfrac{4139}{214} = 19.3411\cdots > 19$     $k \geq \dfrac{4353}{214} = 20.3411\cdots > 20$

$214 \times 20 \geq 4139$            $214 \times 20 \leq 4353$

따라서 B는 20번째 추론을 통해(A의 20번째 계속된 "몰라요" 후에), $a < 3935$임을 알게 되었고 다음과 같은 결론에 도달하게 되었다.

$$a = 3862 \ \text{또는} \ a = 4076$$
$$B_{20}: a < 8001 - 214 \times (20-1) = 3935$$
$$a \neq 4076 > 3935$$

이 마지막 추론에서, 결국 B는 4076이 $a$가 취할 수 있는 값보다 크다는 것을 알게 된 것이다.

이 수고스러운 여정을 끝내기 전에, A가 아직까지 그 문제를 해결하지 못한 이유를 알아보자.

$k = 19$일 때, A와 B는 19번째 "몰라요"라고 말하고 나서, A는 다음과 같이 추론할 수 있다.

$A_{19}$: $214 \times 19 < b < 8001$ 또는 $3935 < b < 8001$

이때 A는 $a = 3862$임을 알고 있으므로, $b$의 값은 $8001 - 3862 = 4139$와 $8215 - 3862 = 4353$ 중 하나가 된다. 그런데 이 두 값이 모두 A가 지금까지 추론한 수의 범위 $3935 < 4139 < 4353 < 8001$ 안에 들어 있다. 따라서 A는 둘 중 어느 것이 $b$인지를 아직 구별할 수 없었던 것이다.

# 도심 속 숲

"괜찮아, 라비"

라비의 어머니가 낙담한 아들을 위로하고 있었다. 몇 주 전부터 라비는 시카고 미술협회에서 주관하는 현대미술 전시회가 개회되기만을 기다려왔다. 이 전시회의 작품 중에는 유명한 미술가 데이비드 멜비 씨의 작품도 있다. 그가 전시한 작품은 '도심 속 숲'이라는 제목을 달고 있으며 인터렉티브 아트 부문에 속한다. 인터렉티브 아트는 음악과 영상, 프로그래밍을 곁들인 것으로, 일반 영화나 음악같이 창작자가 만들어낸 작품을 있는 그대로 보고 듣기만 하는 것이 아니라 보는 이로 하여금 직접 조작하면서 즐길 수 있는 예술 작품을 말한다.

라비는 《현대미술 다이제스트》라는 잡지에서 멜비 씨에 대한 기사를 읽은 적이 있다. 거기서는 멜비 씨의 자연미에 대한 열정과 도시화에 직면하여 자꾸만 줄어들고 있는 개척지에 대한 고민을 다루고 있었다. 이번에 전시하기로 한 작품은 멜비 씨 자신이 현대 도시의 불모지화에 대하여 생각하고 있는 것과 도시인들이 온통 콘크리트로 둘러싸인 도시에 가지런히 짧게 다듬은 잔디밭을 만들고 여러 개의 소공원을 만들어 관리하는 것만으로 자연의 아름다움을 조금이나마 보유하고 있는 것처럼 보이려는 것에 대한 경멸을 강조하기 위하여 설계되었다.

 멜비 씨의 작품 디자인은 매우 단순했지만 그 내부를 걷다 보면 놀랄 정도로 감탄하지 않을 수 없는 것이었다. 이 작품은 땅 위에 커다란 격자를 나타낸 것처럼 생각하면 쉽게 상상할 수 있다. 작품은 지름이 200피트(61m)인 커다란 원형 '숲'으로, 숲의 중심은 특히 그라운드 제로라 하며, 지름이 1피트인 원 모양으로 콘크리트가 발라져 있다. '숲'을 이루고 있는 '나무'는 높이가 10피트(3m)이고 지름이 1인치(2.54cm)인 원기둥 모양의 목재로 만들어져 있다. 이 원기둥들은 정확히 2피트 간격을 유지하며 땅 위의 가상의 격자점들 위에 놓여 있다([그림1] 참조). 관람객들은 이로 인해 생긴 격자점들 사이의 폭이 2피트인 가로, 세로의 통로를 편하게 걸어 다니며 실제의 나무로 푸르게 우거진 자연의 숲과 비교하면서 밋밋하고 매끄러운 나무 원기둥들만이 끝없이 정렬되어 있는 메마른 땅을 관찰할 수 있다. 멜비 씨는 이 '도심 속 숲'과 '자연의 숲' 사이의 차이점이 인공미와 자연미 사이의 차이점과 유사하다고 생각했던 것이다.

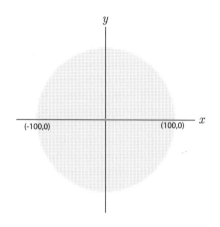

[**그림 1**] '도심 속 숲'의 조감도

미술에 대하여 천부적인 감상 능력을 지니고 있는 라비의 어머니는 이런 능력을 아들에게도 그대로 물려주었다. 수학과 미술은 서로 어울릴 것 같지 않은 전혀 다른 분야임에도 라비는 수학과 미술 사이의 훌륭한 조화를 인식하고 있었다. 이 두 분야는 미학에 대하여 민감한 감각을 요구한다.

오늘 라비와 그의 어머니는 '도심 속 숲' 작품 전시를 위한 개회식에 가기로 하였다. 그러나 시카고 지방 검사인 라비의 아버지가 아침 일찍 검사실에서 전화를 걸어와 전시회가 열리지 못하게 되었다는 소식을 전해 주었다. 그곳에서 경찰 조사가 이루어지고 있다는 것이었다.

그날 밤 늦게 저녁 식사를 하면서 라비의 아버지는 오늘 일어난 충격적인 사건에 대하여 자세히 이야기해 주었다.

이른 아침 전시회를 개회하기 전, '도심 속 숲'의 동쪽 경계에서 저격 사건이 일어났다고 한다. 작품 비평을 위해 미리 전시회 작품을 보았던 〈시카고 헤럴드지〉의 유명한 미술 평론가인 스티븐 제닝스 씨가 총을 맞고 사망했다. 경찰은 저격 사건 용의자로 멜비 씨를 지명하고 그를 구류하고 있다. 목격자는 미술가 사이먼 설리반 씨로 이번 전시회에 '벨과 휘파람'이라는 작품을 전시하기로 하고, 멜비 씨와 마찬가지로 오늘 아침 작품 전시회 개회를 준비하던 중 이 사건을 목격하게 되었다.

"그것 참 매우 유감스런 일이군요, 아빠."

라비가 말했다.

"《현대미술 다이제스트》에서 읽은 멜비 씨의 인터뷰에 따르면 그런 일을 전혀 저지를 것 같지 않았는데."

"글쎄 라비, 사람들이 너를 속인 거야. 이 일을 하면서 배운 것이 한 가지 있다면, 그것은 대부분의 사람을 믿을 수 없다는 것이야. 그들이 겉으로 보여주는 모습과 속마음은 서로 별개거든."

"하지만 여전히 전 믿을 수가 없어요."

아버지의 설명에 라비가 안타까운 듯이 대답했다.

"라비, 믿을 만한 증거가 있다는 것은 좋은 일이야. 주관적으로 판단할 수 있는 요인을 줄여주거든. 우리에게는 멜비 씨가 방아쇠를 당기는 것을 본 확실한 목격자가 있어."

라비의 아버지가 지극히 검사다운 말투로 말하였다.

"그렇지만 아빠, 동기가 뭘까요? 멜비 씨가 왜 제닝스 씨를 죽였을까요?"

"설리반 씨에 따르면, 제닝스 씨가 시카고 헤럴드지에 멜비 씨의 작품 '도심 속 숲'을 예술적 가치가 없는 초보 수준의 작품이라고 혹평을 쓸 참이었다는 거야. 확실히 그것만으로도 동기는 충분해."

"멜비 씨가 사람을 죽였다고 자백했나요?"

라비가 다시 물었다.

"아니, 라비. 그런 사람들은 좀처럼 자백하지 않아. 총소리를 들었을 때 멜비 씨는 사건이 일어난 '도심 속 숲' 반대편에 있었다고 주장하고 있어. 그는 곧바로 작품 둘레를 돌아서 총소리가 난 곳으로 달려갔고 흘러나온 피 속에 제닝스 씨가 쓰러져 있는 것을 발견했다고 말하더군. 그리고 그 옆에 총이 있었다는 거야. 아무 생각 없이 반사적으로 총을 집었는데, 그때 몇몇 사람이 거기에 도착했고 자신이 손에 총을 들고 제닝스 씨 위에 서 있는 것을 봤다는 거야."

"아빠, 설리반 씨 말고 그가 방아쇠를 당기는 것을 본 또 다른 사람은 없어요? 분명 작품 전시회장 주변에 다른 사람들도 있었음에 틀림없는데"

"없어, 라비. 이 사건은 아침 6시 40분경에 일어났어. 주변에는 사람들이 거의 없었어. 총소리를 들은 사람들이 그 장소로 달려와 멜비 씨가 시체를 내려다보면서 서 있는 것을 봤다고 하더라고. 하지만 설리반 씨 외에 다른 어느 누구도 그가 방아쇠를 당기는 것을 본 사람은 없어."

라비의 아버지가 설명했다.

라비가 생각에 잠긴 얼굴로 방 한 곳을 응시하고 있더니 자신의 방으로 가기 위해 일어섰다. 그리고는 막 식당을 나서려다 아버지를 향해 몸을 돌리며 물었다.

"아빠, 설리반 씨는 어디에서 이 모든 장면을 보았어요? 전시회장 주변에 있는 설리반 씨를 본 다른 사람은 있어요?"

"아니, 라비. 아무도 그를 본 사람은 없어. 그들은 그저 자신들 앞에 죽어 있는 제닝스 씨의 모습을 보고 혼란스러워할 뿐이었어. 설리반 씨는 '도심 속 숲'을 관람하기 위해 혼자서 작품 안으로 들어갔고, 작품의 중앙에 있는 '그라운드 제로' 지점에 서 있었다고 하더군. 그때 크게 다투는 소리가 들려왔고, 큰 소리가 나는 방향으로 몸을 돌리는 순간 멜비 씨가 총을 꺼내 제닝스 씨를 쏘는 것을 보게 됐다고 경관에게 말했어."

"고마워요, 아빠."

라비가 고개를 끄덕였다.

"그래, 라비! 쟤는 종종 사람들을 너무 믿는다니까."

라비의 아버지는 라비의 어머니를 향해 몸을 돌리고 파이 한 조각을 집으며 말했다. 그가 파이를 접시에 옮기기 전, 라비가 다시 식당으로 돌아와 외쳤다.

"아빠, 멜비 씨를 고소하지 마세요. 설리반 씨가 거짓말을 한 거예요. 제가 그것을 증명할 수 있어요!"

# 사건 분석

이 사건에서 생각해야 할 문제는 다음과 같다.

라비는 설리반 씨가 거짓말을 했다는 것을 어떻게 알았을까?

그것은 바로 설리반 씨가 '도심 속 숲'의 중앙에서 가장자리 너머로까지 보인다는 수학적으로 성립하지 않는 주장을 했기 때문이다. 작품 '도심 속 숲'은 설계한 대로, 반지름의 길이가 50단위 길이이고, 원점을 제외한 각 격자점 위에 '나무'가 서 있는 원 모양의 '숲'이 있다고 하자. 또 이들 나무는 반지름이 $r$인 가늘고 균일한 수직 원기둥 모양이며 단위길이의 간격으로 서로 떨어져 있다고 하자. 이때 이들 원기둥의 반지름 $r$이 단위길이의 $\frac{1}{50}$보다 크면, 숲의 중앙에 서 있는 사람이 바라보는 방향과는 상관없이 숲의 바깥쪽을 볼 수 없다. 라비가 했던 것처럼, 여러분도 그것을 증명할 수 있는가?

# 사건 해결

이 문제는 아마도 이 책에서 다룬 문제 중 해결 과정이 가장 복잡할 것이다. 하지만 역설적이게도 해결 과정에서는 수식을 거의 사용하지 않는다. 여기서 해결 과정이 복잡하다는 것은 관련된 수학이 어려워서라기보다는, 이전 내용을 바탕으로 새로운 내용을 밝히는 단계를 여러 번 거친 후에야 문제를 해결할 수 있다는 것을 의미한다. 이런 해결 과정에서는 각 단계를 놓치지 않고 따라가기 위해 노력해야 함은 물론, 다음 단계와 관련 짓는 데도 많은 노력을 해야 한다.

문제 해결을 위한 긴 여정을 시작하기 전에, 다음과 같은 블리히펠트의 보조정리$^{\text{Blichfeldt's Lemma}}$* 라 부르는 기하학 정리를 증명해 보자.

격자선에 의해 넓이가 1인 정사각형들로 구성된 그래프 종이가 있다

---

* Blichfeldt, Hans Frederick 한스 프레데릭 브릴히펠트(블릭펠트)

고 하자. 이 종이 위에 넓이가 $n$보다 큰 영역(경계가 있는) A를 그리면, $(n+1)$개의 격자점이 포함되도록 영역 A를 또 다른 위치로 회전하지 않고 수직과 수평으로만 평행이동할 수 있다.

예를 들어, 넓이가 10.2인 임의의 영역 A를 그리면, 11개의 격자점을 포함하도록 영역 A를 이동할 수 있다([그림 2] 참조).

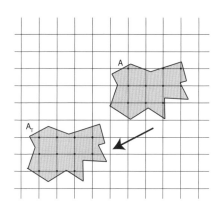

[**그림 2**]  10개의 격자점을 포함하고 있는 영역 A와
A를 평행이동하여 11개의 격자점을 포함하고 있는 영역 $A_T$

다음 방법에 따라 블리히펠트의 보조정리를 증명해 보자. 영역 A를 회색으로 색칠한 다음, [**그림 3**]의 (a)와 같이 영역 A를 포함한 모든 정사각형을 각각 수직, 수평의 격자선을 따라 오려내자. 그러면 오려낸 정사각형 중에는 그림처럼 전체가 회색인 것이 있는가 하면, 일부분만 색칠된 것도 있다. 이때 오려낸 정사각형의 개

수를 $m$이라 하면, 영역 A의 넓이가 $n$보다 크므로 $m > n$이다. 이
제 [그림 3]의 (b)와 같이 조금 떨어진 곳에 있는 또 다른 정사각형
S 위에 방위를 바꾸지 않고 이 정사각형들을 차곡차곡 쌓아 올리
는 것을 상상해 보자. 이것은 곧 오려낸 정사각형들 각각의 왼쪽
하단 꼭짓점이 S의 왼쪽 하단 꼭짓점과 일치하도록 쌓는다는 것
을 의미한다. 따라서 정사각형 S 위에는 $m$개의 단위 정사각형이
쌓여 있으며, 그 정사각형들 중에서 회색으로 칠한 부분의 넓이
를 더하면 영역 A가 된다.

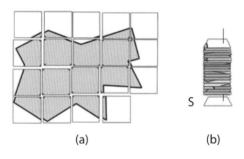

(a)                              (b)

[그림 3]  (a) 영역 A를 격자선을 따라 오린다.
              (b) 오려낸 단위 정사각형들을 S 위에 쌓는다.

이번에는 정사각형 S에 수직인 한 반직선이 S상의 임의의 한
점에서 출발하여 쌓여 있는 $m$개의 정사각형들을 관통해 가는 것
을 상상해 보자. 이때 반직선은 [그림 3]의 (b)에서와 같이 각 층을
관통하면서 하얀 점이나 회색 점을 합쳐 모두 $m$개의 점을 통과

할 것이다. 만약 반직선이 $n$개보다 많은 점들을 통과하지 않는다고 가정하자. 그러면 반직선은 기껏해야 $n$개의 회색 점들을 통과하게 된다. 이것은 곧 A의 넓이가 $n$보다 크지 않다는 것을 의미한다. 따라서 S상의 임의의 한 점에서 출발하는 반직선은 $m$개의 점 중에서 적어도 $(n+1)$개의 회색 점을 통과해야 한다. 이 반직선을 $r$이라 하고, 반직선 $r$의 위치에 $m$개의 단위 정사각형을 관통하도록 매우 가느다란 핀을 꽂아 보자. 그러면 $m$개의 단위 정사각형 각각에 대하여 같은 위치에 한 개의 점이 찍히게 된다.

다시 쌓아 놓은 $m$개의 정사각형들을 그래프 종이 위로 옮겨 영역 A를 만들어 보자. 이때 각각의 단위 정사각형에서 같은 위치에 있는 한 개씩의 바늘구멍을 찾아볼 수 있다. 그런데 적어도 $(n+1)$개의 바늘구멍이 회색 점을 통과하므로, 이 바늘구멍들 중의 하나가 한 개의 격자점과 겹쳐질 때까지 A를 평행이동시켜 보자. 그러면 각 바늘구멍이 각 단위 정사각형 내의 같은 위치에 있기 때문에, 결국 $m$개의 각 바늘구멍이 모두 격자점 위에 놓이게 된다. 이것은 곧 $m$개의 바늘구멍 중 적어도 $(n+1)$개의 바늘구멍이 회색 점을 통과하기 때문에, $(n+1)$개의 격자점들이 포함되도록 영역 A를 평행이동한 셈이 된다. 즉 블리히펠트의 보조정리가 증명된 것이다.

이번에는 $n=1$인 경우에 대하여 다음과 같이 블리히펠트의 보조정리의 따름정리를 생각해 보자.

넓이가 1보다 큰 영역 A 안의 두 점 $P_1$, $P_2$에 대하여, 수평거리와 수직거리는 모두 정수이다. 즉, 두 점 $P_1$, $P_2$의 좌표를 각각 $(x_1,\ y_1)$, $(x_2,\ y_2)$라고 하면, $(x_2-x_1)$과 $(y_2-y_1)$은 모두 정수이다.

이것은 블리히펠트의 보조정리를 이용하면 쉽게 증명할 수 있다. 영역 A의 넓이가 1보다 크면 [그림 4]에서와 같이 적어도 2개의 격자점을 포함하도록 A를 이동할 수 있다. 영역 A를 평행이동한 다음, 두 격자점을 $P_1$, $P_2$라 하자. 이때 두 점이 격자점이기 때문에 $x_1$, $y_1$, $x_2$, $y_2$가 모두 정수이며, 수평거리 $x_2-x_1$과 수직거리 $y_2-y_1$도 모두 정수가 된다. 이번에는 평행이동한 도형 A를 거꾸로 원래 위치로 다시 평행이동시켜 보자. 그러면 두 점 $P_1$, $P_2$ 역시 영역 A와 함께 평행이동된다. 따라서 원래 위치로 돌아온 영역 A 내의 두 점에 대하여 수평거리와 수직거리도 변하지 않는다. 그러므로 영역 A 내의 두 점의 수평거리와 수직거리는 여전히 모두 정수이다.

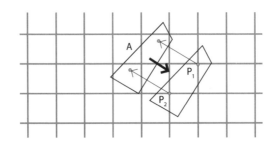

[그림 4] 따름정리의 증명을 그림으로 나타낸 것

위의 모든 과정은 다음 민코프스키의 정리<sup>Minkowski's Theorem</sup>를 증명하는 데 이용된다.

넓이가 4보다 크고 원점에 대하여 대칭인 볼록한 평면도형에는 원점 외에도 또 다른 한 개의 격자점이 있다.

이 정리에서 볼록도형이라는 말은 그 도형 안에 있는 두 점을 이어 선분을 그을 경우, 그 선분이 항상 도형 안에 있다는 것을 의미한다. 예를 들어 원과 정사각형은 볼록도형이다. 또 '원점에 대하여 대칭'이라는 말은 어떤 도형이 $(x, y)$를 좌표로 하는 점 P를 포함하고 있을 때 $(-x, -y)$를 좌표로 하는 점 P′도 함께 포함한다는 것을 뜻한다. 따라서 민코프스키의 정리는 어떤 도형이 넓이가 4보다 크고 원점에 대하여 대칭인 볼록한 평면도형이면 두 개의 격자점을 포함하리라는 것을 암시한다. 이 중 한 개의 격자점을 $P_1(x_1, y_1)$이라 하고 원점에 대하여 대칭인 격자점을 $P_1′$ $(-x_1, -y_1)$이라 하자. $P_1$이 격자점이므로 $x_1$과 $y_1$은 정수이다.

민코프스키의 정리를 증명하기 위하여, [그림 5]에서와 같이 넓이가 4보다 크고 원점에 대하여 대칭인 볼록한 평면도형을 A라고 하자. 그리고 이 도형의 모든 길이를 $\frac{1}{2}$만큼 축소시켜 보자. 수학에서는 이것을 비율 $\frac{1}{2}$의 팽창변환<sup>dilatation</sup>이라고 한다.

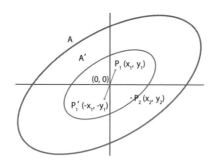

[**그림 5**] 넓이가 4보다 큰 도형 A와 A를 모든 방향에서 $\frac{1}{2}$로 축소한 도령 A'

이것은 도형의 각 점에 대하여 그들 점과 원점을 이은 선분을 따라 원점과의 거리가 절반이 될 때까지 점을 이동하면 된다. 보다 형식적으로 나타내면, 도형 위의 각 점 $(x, y)$를 점 $\left(\dfrac{x}{2}, \dfrac{y}{2}\right)$로 평행이동하면 된다. 복사기에 도형 A를 올려놓고 그 크기의 50%로 복사하는 것과 같이 이 변환은 도형의 모양은 그대로 유지시키지만 모든 길이가 절반이 되도록 한다.

도형을 $\frac{1}{2}$의 비율로 축소했기 때문에, 그 넓이는 처음 도형의 $\frac{1}{4}$이 된다. 그러므로 도형 A의 넓이가 4보다 크기 때문에, 축소된 도형 A'의 넓이는 1보다 크다. 따라서 블리히펠트의 보조정리의 따름정리에 따라 도형 A'는 수평거리 $(x_2-x_1)$과 수직거리 $(y_2-y_1)$이 정수인 두 점 $P_1(x_1, y_1)$, $P_2(x_2, y_2)$를 포함한다. 그런데 도형 A'가 점 $P_1$을 포함하고 원점에 대하여 대칭이므로, 점

$P_1'(-x_1, -y_1)$도 도형 A'에 포함됨을 알 수 있다. 이때 $P_1'$과 $P_2$를 이어 선분을 그으면, A'이 볼록한 도형이므로 이 선분 역시 A'에 포함된다.

이번에는 [**그림6**]과 같이 $P_1'$과 $P_2$를 연결한 선분의 중점에 대해 살펴보자.

평면상의 두 점을 이은 선분의 중점의 $x$좌표와 $y$좌표는 두 점의 $x$좌표들끼리의 산술평균, $y$좌표들끼리의 산술평균이므로, 두 점 $P_1'$과 $P_2$를 연결한 선분의 중점 $M$의 좌표는 다음과 같다.

$$\left( \frac{x_2 + (-x_1)}{2}, \ \frac{y_2 + (-y_1)}{2} \right) = \left( \frac{x_2 - x_1}{2}, \ \frac{y_2 - y_1}{2} \right)$$

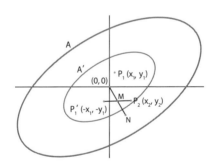

[**그림 6**] $P_1'$과 $P_2$를 연결한 선분의 중점 M과 점 N=2×M은 도형 A에 포함된다.

A'이 볼록한 도형이므로 $P_1'$과 $P_2$를 연결한 선분은 A' 안에 놓이게 되며, 따라서 M도 A' 안에 포함된다.

다시 원래의 도형 A로 되돌아가기 위해 비율 2의 팽창변환으로 A′을 확대해 보자. 그러면 점 M은 새로운 점 $N(x_2-x_1, y_2-y_1)$으로 이동하게 된다. 이때 블리히펠트의 보조정리의 따름정리에 의해 점 N의 $x$좌표와 $y$좌표는 모두 정수이다. 한편 점 N의 $x$좌표와 $y$좌표는 두 점 $P_1$과 $P_2$ 사이의 수평거리와 수직거리를 나타낸다. 그러므로 점 N은 도형 A에 포함된 하나의 격자점이다. 또 도형 A가 원점에 대하여 대칭이기 때문에, 점 N의 원점에 대하여 대칭인 격자점 또한 도형 A에 포함된다. 따라서 우리는 민코프스키의 정리를 증명했다.

이제, 처음에 생각했던 문제를 해결할 준비가 되었다. 여기서 잠깐! 문제를 해결하기 위해 앞에서 다루었던 내용을 간단히 요약해 보기로 하자.

1. 블리히펠트의 보조정리

   넓이가 $n$보다 큰 평면도형 A는 $(n+1)$개의 격자점을 포함하도록 평행이동할 수 있다.

2. 블리히펠트의 보조정리의 따름정리

   넓이가 1보다 큰 평면도형 A안의 두 점 $P_1(x_1, y_1)$, $P_2(x_2, y_2)$에 대하여, $x_2-x_1$과 $y_2-y_1$이 모두 정수이다.

3. 민코프스키의 정리

넓이가 4보다 크고 원점에 대하여 대칭인 볼록한 평면 도형은 원점과 다른 격자점 N을 포함한다. 또 도형이 원점에 대하여 대칭이기 때문에 그 대칭점 N′도 도형에 포함된다.

이제, '도심 속 숲'의 문제를 해결해 보기로 하자. 즉 단위 1만큼의 간격으로 배치된 나무 원기둥의 반지름이 단위길이의 $\frac{1}{50}$보다 크면, 원형 숲의 중앙에 서서 숲의 바깥을 볼 수 없다는 것을 보여야 한다.

[그림 7]에서와 같이 반지름이 $R$인 숲의 중앙에 서서 숲의 경계인 원둘레 위의 임의의 점 P 방향을 보고 있다고 하자. 그리고 점 P의 원점에 대하여 대칭인 점을 Q라 하자. 이때 점 Q 역시 원둘레 위에 있게 된다.

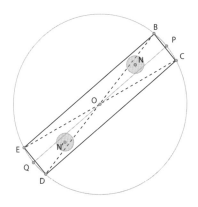

[**그림 7**] 원점에 서서 숲의 바깥쪽을 보기 위한 그림

원점 O를 지나는 $\overline{PQ}$는 원형 숲의 지름이다. 이때 $\overline{BC}$의 길이가 $4 \times \frac{1}{50} = \frac{2}{25}$이고 $\overline{BC}$가 $\overline{PQ}$에 의해 이등분되도록 현 $\overline{BC}$를 그어보자. 그러면 점 B에서 $\overline{PQ}$까지의 거리는 $\frac{1}{25}$이고, 점 C에서 $\overline{PQ}$까지의 거리도 같다. 또 점 B와 C의 원점에 대하여 대칭인 점을 각각 D와 E라고 하자. 이때 $\overline{DE}$의 길이 역시 $\frac{2}{25}$이고, 원점에 대하여 대칭이기 때문에 $\overline{BC}$와 $\overline{DE}$는 평행이다.

한편 이 네 점을 연결하면 원에 내접하는 사각형 BCDE가 된다. 이때 $\overline{BD}$와 $\overline{CE}$가 모두 원의 지름으로서 길이가 같고, 각 선분의 중점인 원점에서 만나면서 서로를 이등분하기 때문에 사각형 BCDE는 직사각형이다. 그러므로 ∠BCD의 크기가 $90°$이고, 피타고라스의 정리에 의해 다음과 같이 $\overline{CD}$의 길이 $l$을 계산할 수 있다.

$$(2R)^2 = \left( \frac{2}{25} \right)^2 + l^2$$

$$l = \sqrt{(2R)^2 - \left( \frac{2}{25} \right)^2}$$

따라서 직사각형 BCDE의 넓이는 다음과 같다.

$$\frac{2}{25} l = \frac{2}{25} \sqrt{(2R)^2 - \left( \frac{2}{25} \right)^2}$$

$$= \frac{2}{25} \sqrt{4 \left\{ R^2 - \left( \frac{1}{25} \right)^2 \right\}}$$

$$= \frac{4}{25} \sqrt{R^2 - \left( \frac{1}{25} \right)^2}$$

이때 $2R = 100$이므로, 다음과 같이 직사각형의 넓이가 4보다 크다는 것을 알 수 있다.

$$\frac{2}{25} l = \frac{4}{25} \sqrt{R^2 - \left( \frac{1}{25} \right)^2}$$

$$= \frac{4}{25} \sqrt{\left( R + \frac{1}{25} \right) \left( R - \frac{1}{25} \right)}$$

$$> \frac{4}{25} \sqrt{\left( R - \frac{1}{25} \right) \left( R - \frac{1}{25} \right)}$$

$$= \frac{4}{25} \sqrt{\left( R - \frac{1}{25} \right)^2}$$

$$= \frac{4}{25} \left( R - \frac{1}{25} \right)$$

$$= \frac{4}{25} \left( 50 - \frac{1}{25} \right)$$

$$= 4 \left\{ 2 - \left( \frac{1}{25} \right)^2 \right\}$$

$$= 4 \times 1.9984$$

$$> 4$$

따라서 민코프스키의 정리에 의해, 직사각형 BCDE는 원점에 대하여 서로 대칭인 두 점 N과 N'을 포함하고 있다. 나무 원기둥은 이들 점을 밑면(원)의 중심으로 하여 세워져 있다. 나무 원기둥의 반지름 $r$은 $\frac{1}{50}$ 보다 크므로, 나무 원기둥의 지름은 직사각형 BCDE의 폭의 절반보다 크다. 이것은 점 N에 있는 나무 원기둥이 원점과 점 P를 잇는 시선을 차단한다는 것을 의미한다. 마찬가지로 N'에 있는 나무 원기둥도 원점과 점 Q를 잇는 시선을 차단한다. 점 P는 숲의 경계인 원둘레 위의 임의의 점이었으므로, 원점에서 원둘레 위의 어떤 점을 바라보더라도 시선이 차단된다. 이것은 원점에 서 있을 때 원형 숲의 바깥쪽을 볼 수 없다는 것을 의미한다.

사건이 일어난 숲은 반경이 100피트이고, 2피트의 간격으로 나무 원기둥이 배치되어 있었다. 여기서 2피트를 단위길이 1로 가정하면, 사건이 일어난 숲을 반경이 50이고 1의 간격으로 나무 원기둥이 배치되어 있는 것으로 바꿀 수 있다. 한편 '도심 속 숲'의 각 나무 원기둥의 지름은 1인치였다. 그런데 (1단위길이)=(2피트)=(24인치)이므로, 각 나무 원기둥의 반지름은 단위길이의 $\frac{1}{50}$ 보다 약간 긴 $\frac{1}{48}$ 이 된다. 따라서 라비는 사이먼 설리반이 '그

라운드 제로'에 서 있을 때 숲의 바깥쪽을 볼 수 없다는 것을 알
아챘다. 이것은 설리반이 경관에게 말한 주장과는 전혀 맞지 않
는다는 것을 의미한다.

라비의 증명에 따라 경찰은 제닝스 씨의 컴퓨터 파일 내용을
꼼꼼하게 검토하였다. 검토 결과, 제닝스 씨는 설리반 씨의 작품
'종소리와 휘파람'에 대해서는 혹평을 쓸 예정이었고, 반면 멜비
씨의 '도심 속 숲'에 대해서는 호평으로만 기사가 채워져 있었다.

# 좀 더 알아보기

종종 사건이 정밀한 분석에 의해 해결되는 것을 보면 매우 흥미롭다. 설리반은 그라운드 제로에 서 있을 때 숲의 동편 경계선 방향에서 살인 사건이 일어나는 것을 보았다고 말했다. 하지만 우리가 알아본 대로 나무 원기둥의 지름이 너무 커서 그의 이야기를 믿을 수 없게 되었다. 즉 나무 원기둥의 지름이 0.96인치보다 조금이라도 크면(즉, 나무 원기둥의 반지름이 2피트의 $\frac{1}{50}$보다 조금이라도 크면), 숲의 바깥쪽을 볼 수 없었던 것이다. 이미 밝힌 것처럼, 멜비 씨의 나무 원기둥의 지름은 정확히 1인치이다.

이번에는 반지름이 단위길이의 $\frac{1}{50}$보다 약간 적을 때($\sqrt{\frac{1}{2501}}$ 정도), [그림 8]에서와 같이 원점과 격자점 Q(50, 1)을 잇는 선분의 방향으로 볼 때 정글의 바깥쪽을 볼 수 있는지 알아보자.

이 시선은 설리반이 주장했던 것처럼 $x$축 위로 작은 각도를 이루며 숲의 동편 경계선에서 일어난 사건을 보게 될 것이다. [그림 8]은 그 상황을 상상하는 데 도움이 되도록 숲의 일부를 확대하고 과장하여 그린 것이다. 이 그림에서 $\overline{OQ}$의 길이는 다음과 같다.

$$\sqrt{2501}=\sqrt{1^2+50^2}$$

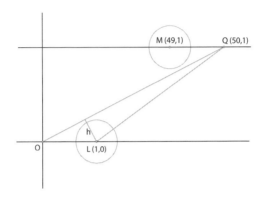

[**그림 8**] 숲의 바깥쪽을 볼 수 있는 방법

이 선분에 가장 가까운 두 개의 격자점은 L(1, 0), M(49, 1)이다. 이 두 점은 $\overline{OQ}$에 대하여 서로 대칭이다. 만약 이 두 격자점에 서 있는 나무 원기둥이 $\overline{OQ}$ 방향의 시선을 차단하지 않는다면, 다른 어떤 나무도 시선을 차단하지 못할 것이다. 한편 점 O, L, Q를 연결하면 삼각형 OLQ를 만들 수 있다. 이때 다음의 두 가지 방법으로 이 삼각형의 넓이를 계산해 보자.

1. $\overline{OL}$을 밑변이라 할 때, ($\triangle$OLQ의 넓이)$=\frac{1}{2}\times1\times1=\frac{1}{2}$이다.

2. $\overline{OQ}$를 밑변이라 하고, 점 L에서 $\overline{OQ}$에 그은 수선의 높이를 $h$

라 할 때,

$$(\triangle OLQ의 넓이) = \frac{1}{2} \times \overline{OQ} \times h = \frac{1}{2}$$

이다. 이때 $OQ = \sqrt{2501}$이므로 $h$는 다음과 같이 구한다.

$$\sqrt{2501} \cdot h = 1 \text{ 또는 } h = \frac{1}{\sqrt{2501}}$$

따라서 나무 원기둥의 반지름이 $\frac{1}{\sqrt{2501}}$보다 작으면$\left( r < \sqrt{\frac{1}{2501}} \right)$, 원기둥이 시선 OQ와 만나지 못하며, 그 선 방향의 시선을 차단하지 못할 것이다. 이때 단위길이를 1단위=2피트=24인치라 하면, 반지름 $r$의 최댓값은 $\frac{1}{\sqrt{2501}} \times 24 (=0.9598)$이다. 이 값은 시선이 차단되지 않는 반지름의 길이 중 상당히 큰 수에 해당한다. 따라서 나무 원기둥의 지름이 이 값보다 조금이라도 적으면(이를테면 1인치가 아닌 0.95인치와 같이 말이다), 설리반 씨가 경관에게 이야기한 것이 너무 그럴듯하여 라비가 반박을 할 수 없었을는지도 모른다. 그러므로 이 사건의 해결은 정확성에 달려 있다.

# 폭설이 내린 오크가의 아침

라비의 가족이 사는 시카고 교외의 오크가는 많은 눈이 내려서 마치 두꺼운 담요를 덮어 놓은 것 같았다. 시카고의 기상관측 사상 이번 강설량은 대기록을 예상하고 있다고 했다. 동트기 전부터 마치 하늘을 열고 눈을 퍼붓기 시작한 것 같았다. 지금도 기상학자들이 말하는 최대 적설량을 기록하며 눈은 쉬지 않고 계속 내리고 있었다.

　라비는 차도 끝으로 걸어가 쉼 없이 내리는 눈의 양에 놀라며 거리를 쳐다보았다. 안개처럼 뿌옇게 소용돌이치듯이 휘날리는 솜사탕 덩어리만 한 크기의 눈송이들 때문에 몇 피트 앞에 있는 것들조차도 거의 보이지 않을 정도였다. 라비는 코트를 입고 귀가 시리지 않도록 스노우캡을 귀밑까지 당겨 썼다. 그리고 책가방은 어깨 위에 걸쳐 맸다.

　아침 8시, 그는 학교까지 차를 타고 가기 위해 아버지를 기다리는 중이었다. 오늘은 도저히 걸어갈 수 없을 것이다.

　라비가 차도 끝에 서 있을 때, 쨍그랑하는 소리가 크게 들렸다.

안개처럼 앞이 보이지 않을 정도로 내리는 눈송이들을 헤치고, 커다란 제설차가 갑자기 나타났다. 제설차는 오크가를 따라 천천히 나아가며 도로 가장자리까지 눈을 치우고 있었다. 그때 버트 맥길리커디 씨가 라비 집의 차도를 보고, 가던 길을 멈추는가 싶더니 장갑 낀 손을 눈썹에 대고 라비를 향해 소리 질렀다.

"어이, 라비, 너니?"

몇 피트밖에 떨어져 있지 않았지만, 자세히 보이지 않아 맥길리커디 씨는 라비라는 것을 확신할 수 없었다.

"안녕하세요! 맥길리커디 씨."

라비가 제설차의 시끄러운 엔진 소리보다 크게 외쳤다. 라비는 쾌활하고 사교적인 성격의 상냥한 소년이었다. 비교적 풍요로운 집안에서 자란 라비는 매우 영리하고 상냥해서 각계각층의 사람들과 쉽게 친구가 되었다. 그의 친구 중에는 버스 운전사, 우편배달원, 정육점 주인, 박물관 경비원, 맥길리커디 씨처럼 제설차 운전사들도 있다.

"오늘 날씨 어때?"

맥길리커디 씨가 외쳤다.

"믿기지 않아요! 이런 눈은 처음이에요."

라비가 대답했다.

"그래, 눈이 떨어지는 속도가 얼마나 빠른지 믿을 수가 없어."

맥길리커디 씨가 말했다.

"지난 두 시간 동안 쉬지 않고 이 제설차로 계속 눈을 치우고 있단다. 아침 6시와 7시 사이에는 강변에서 엣지뷰 도로까지 네 블록의 눈을 치웠는데, 방금 1시간 전에는 엣지뷰 도로에서 여기 까지 단지 두 블록의 눈밖에 치우질 못했어."

맥길리커디 씨가 계속하여 말했다.

라비가 막 대답하려고 할 때, 자동차 경적 소리가 들렸다. 그의 아버지가 차고 밖으로 후진하여 라비가 차에 올라타기를 기다리고 있었다. 라비는 맥길리커디 씨를 향해 외쳤다.

"죄송해요, 맥길리커디 씨. 아빠가 저를 기다리시네요. 나중에 얘기해요. 오늘 행운을 빌어요."

라비가 몸을 돌려 차를 향해 달려갔다.


그날 밤 라비 가족은 뉴스를 보면서 늦은 저녁 식사를 했다. 폭설 탓에 공항은 정오에 비행기 운행을 멈추었으며, 시카고 교육청은 내일도 눈이 내린다는 예보에 휴교령을 내렸다.

"이런 날씨에는 모든 것이 멈출 것 같아요."

라비의 어머니가 말했다.

"범죄를 제외한 모든 것이겠지."

시카고 지방 검사인 라비의 아버지가 대답했다.

"아니, 오늘 무슨 일이 있으셨어요?"

라비는 아버지가 맡은 사건 중 해결하기 힘든 사건에 민감하게 관심을 가지며 물었다.

"중심가 테이퍼스 씨의 보석 가게가 털렸어. 드릴로 금고문 근처에 여러 개의 구멍을 뚫은 다음 화약을 넣어 폭발시켜서 금고문을 열었지 뭐야. 놀라우리만큼 매우 정교한 수법이었어."

"그렇군요, 아빠. 그렇게 하려면 폭약을 적절하게 잘 넣어야 해요. 제 추측으로는 그것을 할 줄 아는 사람은 많지 않을 것 같은데요."

라비가 사건에 대해 더 큰 흥미를 느끼며 대답했다.

"확실히 네 말이 맞아, 라비. 이 고장에서는 오직 지미 피클스 그라지아노와 김현준만이 그것을 할 수 있어. 하지만 김현준은 지금 수감 중이야."

라비의 아버지가 대답했다.

"그러면 뭐가 문제죠, 아빠? 왜 피클스 씨를 잡지 않는 거죠?"

"그것은 그리 단순하지 않아, 라비. 나도 그를 많이 의심하고 있어. 하지만 그것만으로 가택수색영장을 받을 수는 없어. 우리가 할 수 있는 일은 오로지 그를 심문하는 것뿐이야. 테이퍼스 보석 가게에 있는 금고 경보 시스템이 새벽 4시 53분에 작동했는데, 피클스 씨는 새벽 5시 30분에 자신의 아파트에서 나왔다는 알리바이가 있어. 아침에 개를 데리고 산책하던 피셔 부인이 그의 아파트 앞에서 그를 봤다고 하더라고. 폭설이 내리고는 있었지만, 그녀는 아파트 단지 입구에서 가로등 아래에 서 있는 그를 알아보았다고 말했어."

"테이퍼스 보석 가게에서 그라지아노 씨 아파트까지의 거리는 얼마나 되는데요, 아빠?"

"그것에 대해서도 이미 알아봤어, 라비. 다니는 차들이 없다면, 25분가량 걸려. 하지만 오늘같이 앞이 보이지 않을 정도로 눈이 내리면, 피클스 씨가 범인이라고 하더라도 경보기가 울린 시간에서 새벽 5시 30분까지, 테이퍼스 씨 가게 뒷문에서 그의 아파트까지 간다는 것은 절대로 불가능해."

"가택수색영장을 받으려면 뭐가 얼마나 필요하죠, 아빠?"

라비가 다시 물었다.

"모든 판사들을 수긍시켜야만 해, 라비. 피클스 씨가 범인이 될 수 있다는 것이 하나의 가능성이긴 하지만, 우리가 찾는 사람임이 확실해."

라비의 아버지는 범인이 경보 시스템을 울리게 했을 것이라는 미련을 가지고 머리를 흔들면서 말했다.

"오늘 아침 일을 기억하세요, 아빠? 제가 맥길리커디 씨와 이야기하고 있을 때 아빠가 저에게 경적을 울리셨잖아요. 그가 저에게 했던 말을 참고하면, 제 생각엔 아빠가 그 가택수색영장을 충분히 받게 될 거예요!"

라비가 활짝 웃으며 외쳤다.

라비가 한 말의 의미는 무엇일까? 사건에 대한 이야기를 자세히 듣고, 라비는 피클스 씨가 범인이라는 것을 어떻게 알 수 있었을까?

힌트: 주어진 정보를 이용하여 라비는 눈이 몇 시부터 내리기 시작했는지 확인하고 눈이 내리기 시작하기 전에 피클스 씨가 금고를 비우고 집에 갈 만한 시간이 있었으리라는 것을 계산할 수 있었다. 만약 두 가지의 적당한 가정을 한다면, 여러분도 똑같이 할 수 있겠는가?

# 사건 분석

사건에 대한 자세한 이야기를 듣고, 우리는 다음과 같은 문제를 만들 수 있다.

오전 6시 이전 언젠가부터 일정한 속도로 많은 양의 눈이 내리기 시작했고, 제설차가 오전 6시부터 거리에 쌓인 눈을 치우기 시작했다. 이때 제설차는 매시간 일정한 양의 눈을 치운다. 눈을 치우기 시작한 지 처음 한 시간 동안, 제설차는 어떤 일정한 거리만큼 이동하였고(이 사건에서 맥길리커디 씨에 따르면 네 블록), 그다음 한 시간 동안에는 그 거리의 절반만큼 이동했다. 몇 시에 눈이 내리기 시작했는가?

 

제설차가 매시간 일정한 양의 눈을 치우기 때문에 폭이 일정한 도로를 따라 달리는 제설차의 속력은 도로 위에 쌓이는 눈의 깊이에 반비례한다. 여기서 제설차의 속력을 결정하는 미지의 비례상수는 나중에 약분되어 없어지므로 변수를 사용하여 나타내기로 한다.

어떤 시점 $t = 0$에서 눈이 내리기 시작했다고 가정하자. 이때 눈이 내리는 속력이 일정하므로 그 속력을 $s$라 하면, $t$시간 동안 쌓인 눈의 깊이는 $st$이다. 따라서 제설차의 속력은 $\dfrac{1}{st}$에 비례하므로, $k\left(\dfrac{1}{st}\right)$과 같이 나타낼 수 있으며 $\left(\dfrac{k}{s}\right)\left(\dfrac{1}{t}\right)$로 바꾸어 쓸 수 있다.

어떤 시각 $t = x$에 제설차가 오크가에 쌓인 눈을 치우기 시작했다고 하자.

일반적으로 거리를 $d$, 속력을 $v$, 시간을 $t$라 할 때 $d = vt$이므로, $t$시간 동안 제설차가 지나간 거리는 $vt$이다. 그러나 이 식은 속력 $v$가 시간 내내 일정하다는 가정하에서만 유효하다. 이 사건의 경우, 내리는 눈의 양이 상당히 많기 때문에 시간이 흘러감에 따라 제설차의 속력이 점점 감소하고 그에 따라 쌓이는 눈의 깊이가 점점 증가하므로 위의 가정은 명확히 맞지 않다. 미적분학은 이와 같은 상황을 다루기 위해 만들어진 분야이다. 이 사건에서는 임의의 시각 $t$에서 제설차의 속력을 나타내는 식 $v(t)$를 적분함으로써 시간 $x$에서 $T$까지 제설차가 지나간 거리를 계산할 수 있다.

$$d = \int_x^T v(t)dt$$

이때 위의 식은 각 시각 $t = x$, $x + dt$, $x + 2dt$, $\cdots$, $T - dt$, $T$에 대하여 거리 $d = v(t)dt$를 계산한 값들을 모두 합한 것을 간단히 나타낸 것이다. $dt$는 조금씩 변하는 시간의 양을 말한다.

앞에서 나타낸 대로 제설차의 속력을 나타내는 식이 $v(t) = \dfrac{k}{st} = \dfrac{k}{s}\dfrac{1}{t}$이므로, 처음 한 시간 동안 제설차가 지나간 거리 $d_1$을 계산하기 위해, $t = x$에서 $t = x + 1$까지 이 $v(t)$를 적분하기로 한다. 이때 $t$는 시간단위로 나타낸다.

$$d_1 = \int_x^{x+1} \frac{k}{s} \cdot \frac{1}{t} dt$$

$k$와 $s$는 모두 상수이므로, $\dfrac{k}{s}$를 적분기호 $\int$ 앞으로 빼내어 다

음과 같이 다시 나타낼 수 있다.

$$d_1 = \frac{k}{s} \int_x^{x+1} \frac{1}{t}\, dt$$

이때 $\frac{1}{t}$ 의 부정적분은 $\ln t$ 이므로

$$d_1 = \frac{k}{s} \left[\, \ln t \,\right]_x^{x+1} = \frac{k}{s} \{\ln(x+1) - \ln x\}$$

이다. 한편 두 번째 한 시간 동안 제설차가 지나간 거리는

$$d_2 = \frac{k}{s} \left[\, \ln t \,\right]_{x+1}^{x+2} = \frac{k}{s} \{\ln(x+2) - \ln(x+1)\}$$

이다. 맥길리커디 씨의 이야기로부터 제설차가 처음 한 시간 동안 이동한 거리가 두 번째 한 시간 동안 이동한 거리의 두 배이므로 $d_1 = 2d_2$, 즉 다음과 같다.

$$\frac{k}{s} \{\ln(x+1) - \ln x\} = 2\frac{k}{s} \{\ln(x+2) - \ln(x+1)\}$$

이때 양변에서 상수 $\frac{k}{s}$ 를 약분하여 간단히 정리하면 다음과 같다.

$$\ln(x+1) - \ln x = 2\{\ln(x+2) - \ln(x+1)\}$$
$$= 2\ln(x+2) - 2\ln(x+1)$$
$$3\ln(x+1) = 2\ln(x+2) + \ln x$$

한편 $\ln(ab) = \ln a + \ln b$, $a \ln b = \ln b^a$ 이므로 위의 식을 다음과

같이 나타낼 수 있다.

$$\ln(x+1)^3 = \ln(x+2)^2 x$$

이것은 다시 다음과 같이 간단히 나타낼 수 있다.

$$(x+1)^3 = x(x+2)^2$$

양변을 전개한 다음 간단히 정리하면 다음과 같다.

$$x^3 + 3x^2 + 3x + 1 = x^3 + 4x^2 + 4x$$
$$x^2 + x - 1 = 0$$

이 방정식은 다음 두 개의 해를 갖는다.

$$x = \frac{-1 \pm \sqrt{5}}{2}$$

이때 시간은 양수의 값만 취하므로 구하는 해는 다음과 같다.

$$x = \frac{-1 + \sqrt{5}}{2} \quad \text{(약 0.618 시간)}$$

이 값은 눈이 내리기 시작하여 제설차가 도로를 따라 눈을 치우기 시작하기까지의 시간을 나타낸다. 이 값은 37분가량(0.618×60=37.08)의 시간으로 대략 새벽 5시 23분경에 눈이 내리기 시작했다는 것을 의미한다.

이것은 피클스 씨가 금고를 비우고 눈이 내리기 전에 집에 돌아오기에 충분한 시간이다. 이와 같은 라비의 분석은 모든 판사들이 가택수색영장을 발행하도록 승인하는 데에도 충분했다. 훔친 보석은 피클스 씨의 아파트에서 되찾았고 그는 체포되었다.

이 문제를 마치면서 수학의 힘에 대해 감탄하지 않을 수 없다. 우리는 어떤 특별한 시점에서의 쌓인 눈의 깊이를 모르는 채, 제설차가 눈을 치우는 시간과 속력, 또는 눈이 내리는 속력을 이용하여 눈이 내리기 시작한 시간을 계산할 수 있었다! 이것은 정말 굉장한 일이다.

## 결론

이제 우리는 여행을 끝낼 때가 되었다. 나는 진심으로 여러분이 라비와 함께 재치를 겨루는 문제를 즐겼기를 기대한다. 사실 몇몇 이야기는 억지스럽거나 다소 인위적으로 보일 수도 있다. 그러나 나는 오히려 그 이야기들 덕분에 그 이면의 수학이 보다 재미있고 실용적인 것으로 비춰지기를 바란다. 밤까지 수학 숙제를 하게 된 친구들이 화가 난 나머지, "내가 이것을 사용할 때가 있겠어?"라는 말을 하는 경우가 자주 있다. 나는 그들이 던진 이런 의문에 대해 이 책이 작은 답변이 되었기를 바란다. 서문에서 말한 대로 나는 수학이 유용해서가 아니라 그 아름다움 때문에 좋아한다.

그래서 여러분이 이 책의 여러 이야기에 대해 어떻게 생각하든지간에 첫인상이나 직관을 깨트리는 놀라움을 조금이라도 발견했기 바란다. 만약 그렇다면, 여러분은 수학이 약간은 즐겁고 매력적이라는 것을 느꼈을 것이다. 지금부터는 마음만 있으면 무엇이든 할 수 있다!

이 책에서 다루는 각 이야기에 속한 대부분의 문제에 대하여 그 출처를 여기 부록에 간단히 기록해 놓았다. 그러나 기록된 문제의 출처가 원출처를 뜻하는 것은 아니다. 많이 알려져 있는 수학 문제의 경우, 그 원출처를 발견하기가 어렵기 때문이다. 이 부록에서는 또한 수학적 문제해결에 흥미를 가지고 있는 사람들을 위해 읽거나 참고할 만한 몇 권의 훌륭한 책을 소개한다.

### 시커모어가에서의 살인 사건

몇 번 본 적이 있는 문제로, 폴 자이츠[Paul Zeitz]가 쓴 훌륭한 책 《The Art and Craft of Problem Solving》에 적절한 토론 사항과 함께 실려 있다.

### 수박을 거래하면서 생긴 일

이 근사한 문제의 출처는 생각나지 않지만, 읽고 난 후에 여전히 내 머릿속을 떠나지 않는 문제이다.

### 그랜드캐니언의 흰머리 독수리 가족

이 이야기 속 문제는 폴 자이츠가 쓴 《The Art and Craft of Problem Solving》에 실린 연습문제 중 하나를 바탕으로 하여 비슷하게 만든 것으로, 책에는 해결 내용이 제시되어 있지 않다.

### 농구 선수들의 조편성 속임수

이 이야기 속 문제의 특별한 출처는 없으며, 내가 생각해 낸 것이다. 순열조합 문제로 내가 좋아하는 수학 분야이기도 하다.

### 월석 절도 미수 사건

문제와 해결 내용은 앤서니 가드너[Anthony Gardiner]가 쓴 매력적인 책 《Discovering Mathematics : The Art of Investigation》에서 발췌하여 구성했다.

### 듀보브 연구소의 보안 시스템

내가 여러 장소에서 들은 적이 있는 많이 알려져 있는 문제로, 그 풀이는 로스 혼스베르거[Ross Honsberger]가 쓴 《Mathematical Chestnuts from Around the World》에 잘 서술되어 있다. <좀 더 알아보기> 코너의 퍼즐은 혼스베르거 박사의 많은 훌륭한 책들 중 하나인 《More Mathematical Morsels》에서 발췌한 것이다.

### 카지노에서 일어난 살인 사건

이 이야기 속 문제는 알프레드 포사망티에르[Alfred Posamentier]가 쓴 훌륭한 책《Math Charmers : Tantalizing Tidbits for the Mind》에서 발견한 문제를 바탕으로 비슷하게 꾸민 것이다. <좀 더 알아보기 1>의 자료의 일부는 <College Mathematics Journal , 2005년 9월호 36권 4호 p.334>에 실린 문제 782를 참고한 것으로 그 풀이는 스테판 카흐코브스키[Stephen Kaczkowski]가 해결한 것을 바탕으로 정리하였다.

### 경주마 순위 매기기

이 이야기 속 문제는 내가 순열조합론에 관한 책을 읽고 구성한 것이다. 교란순열에 대한 자료는 순열조합론 책이라면 어디서든지 찾아볼 수 있다. 그중 하나가 이반 나이번[Ivan Niven]이 쓴 《Mathematics of Choice》이다. 〈좀 더 알아보기 2〉는 상당히 어렵다. 기댓값에 대한 풀이는 1987년 국제수학올림피아드에 출제되었던 문제의 풀이를 바탕으로 구성했다. 문제와 풀이는 이슈트반 라이만[Istvan Reiman]이 편집한《국제수학올림피아드 1959 -1999》에서 찾아볼 수 있다.

### 볼링 평균 점수

이 이야기 속 문제는 클라우스 피터스[Klaus Peters]가 재미를 위해 나에게 낸 것으로, 풀이는 내가 문제를 해결하고 나서 그에게 보여주었던 것이다.

### 필름 속 두 쇠공

여기에서의 문제는 에오트보스 경시대회[Eotvos Competition]라 부르는 헝가리의 오래된 수학 경시대회에서 출제되었던 문제를 바탕으로 구성한 것이다. 원문제는 1900년의 한 경시대회에서 출제되었던 것으로, J. Kurschak가 정리한 《헝가리 경시대회 문제집 I : 1894~1905의 에오트보스 경시대회 문제》에서 찾아볼 수 있다.

### 산카 화학약품회사에서 생긴 불운

이 이야기 속 문제는 도널드 알 맥[Donald R. Mack]이 쓴 책 《The Unofficial IEEE Brainbuster Gamebook》에서 발췌한 것으로, 어려운 수학 문제들만으로 구성되어 있으며 단지 해의 일부분만이 제시되어 있다.

### 퇴학당할 뻔하다

이 환상적인 문제는 스베토슬라브 사브체프[Svetoslav Savchev]와 티투 안드레스쿠[Titu Andreescu]가 쓴 아름다운 책 《Mathe-matical Miniatures》에서 찾아볼 수 있다.

도심 속 숲

종종 과수원 문제라 부르는 이 훌륭한 문제와 풀이는 로스 혼스베르거가 쓴 《Mathematical Gems I》의 제4장에서 찾아볼 수 있으며, A. M. Yaglom과 I. M. Yaglom이 쓴 《Challenging Mathe-matical Problems with Elementary Solutions, Vol.Ⅱ》에서도 찾아볼 수 있다.


폭설이 내린 오크가의 아침

이 이야기 속 문제는 릭 길먼[Rick Gilman]이 쓴 《A Friendly Mathematics Competition》에 실려 있다. 그러나 이 책에서 제시하고 있는 이 문제의 해결 과정은 따라하기가 다소 어려우며, 구성된 문제들 역시 고등학생들에게는 어렵다. 이 문제에 대해 내가 선택한 풀이 과정은 http:// mathproblems.info/prob2s. htm에서 마이클 샤클포드[Michael Shackleford]가 제시한 보다 독창적인 풀이 내용을 바탕으로 정리한 것이다.

## 역자의 글

수학과 추리소설의 만남이라니! 범죄 수사에 수학을 도입한다는 이 책의 독특한 아이디어는 순식간에 내 관심을 사로잡기에 충분했다. 수학의 맛을 느끼게 해주는 좋은 조합이라는 생각이 들었기 때문이다.

저자는 수학이 즐겁고 매우 아름다운 학문이라고 주장한다. 하지만 현실에서 대부분의 사람은 어렵고 지루하다고 생각하는 경우가 많다. 수학을 더욱 재미있고 아름다운 것으로 느끼게 하려면 어떻게 해야 할까? 여러 가지가 있겠지만 가장 좋은 방법은 주변에서 일어나는 일들을 주의 깊게 관찰하여 자연과 일상생활에서 수학을 발견하고 생활에 적용해 보는 다양한 수학 체험일 것이다. 마치 발효 식품이 특정한 온도, 습도, 시간의 조건에서 숙성을 통해 풍부한 맛과 향을 내듯이 수학 체험의 숙성 과정을 통해 수학의 맛을 직접 느끼는 것이다. 하지만 이런 방법을 도입하기 어렵다면 좋은 책을 읽으면서 수학적 원리를 파악하는 간접경험을 하는 방법도 있다. 처음 이 책을 접했을 때 바로 이 책이 그

중의 하나가 되리라는 생각이 들었다.

책을 읽는 동안 주인공 라비는 나의 생각이 틀리지 않았다는 것을 여실히 보여주었다. 라비가 풀어내는 14가지 사건은 우리 주변에서 일어날 수 있는 평범하면서도 소소한 일들이다. 누구나 인정할 만큼 똑똑하고 영리한 라비는 그 평범한 사건들을 세심하고 면밀하게 관찰하며, 사람들의 말에서 논리적, 수학적 허점을 찾은 다음, 어른들도 간과한 사건의 실마리를 찾아 과히 어렵지 않은 수학적 원리로 사건을 해결한다. 라비는 수학이 어렵고 특별한 것이 아니며, 주변을 잘 관찰해 보면 어디에서나 쉽게 찾을 수 있는 친숙하고 즐거운 것임을 알려주고 있는 것이다.

이 책은 직접 체험하듯이 수학의 맛을 느끼도록 구성되어 있다. 14가지 사건을 짤막한 스토리로 재미있게 전개하고 있지만, 각 이야기에는 사건과 실마리만 있을 뿐 라비가 사건을 어떻게 해결했는지에 대한 구체적인 설명은 제시되어 있지 않다. 단지 각 이야기의 끝에 '라비가 그것을 어떻게 알았을까?'라는 질문을 던져 어떤 원리로 사건을 해결할 것인지 생각해 볼 수 있는 여운을 남긴다. 그래서 독자로 하여금 사건 해결에 대한 의지를 불러일으킨다. 그런 다음 곧바로 이어지는 '사건 분석'에서 사건을 한 개의 문제로 단순화하고, '사건 해결'에서 문제에 대한 답을 찾아 사건을 해결한다. 나아가 '좀 더 알아보기'에서는 사건 속에 들어 있는 수학의 원리는 물론 조금 심화된 내용까지 매우 자세히 알아볼 수 있도록 구체적인 설명이 곁들여 있다.

　이런 구성은 각 장의 에피소드에서 라비가 사건을 해결하는 방식대로 독자로 하여금 수학적 눈을 크게 뜨고 실마리를 찾게 한다. 그리고 독자가 나름대로 추리하며 라비와 대결하는 가운데 수학적 사고와 원리를 적용하여 사건을 해결하는 간접적인 체험을 할 수 있다. 물론 간접체험에 불과하지만 독자는 수학의 원리를 적용한 사건 해결의 성취감과 더불어 풍부하고 깊은 수학을 충분히 맛보게 될 것이다. 더 나아가 수학이 아름답다는 생각을 할 수도 있을 것이다. 이 책의 구성은 분명히 독자에게 수학이 즐겁고 아름답다는 생각과 함께 수학적 원리까지 안겨주는 일석삼조의 즐거움을 선사하고 있는 것이다.

　게다가 이 책에서 다룬 수학적 원리는 중학교, 고등학교 교과와 연계되는 내용이 대다수이다. 따라서 이 책은 단순히 읽고 지나치는 책이 아니라 재미와 흥미를 결합한 학습서로도 적합하다. 교사의 경우라면 수업 시간에 학생들과 함께 다루어도 좋은 매우 유용한 학습 요소가 되리라고 믿는다.

　책을 읽다 보면 독자가 이야기 속 라비가 되는 일이 그리 어려운 일은 아니라는 생각을 하게 된다. 라비가 되기 위해서는 먼저 교육과정 속 수학 원리를 충분히 이해해야 한다. 이것을 바탕으로 일상생활에서 접하는 사소한 일이나 평소 당연하다고 여겼던 현상들을 유심히 살펴보고 수학적으로 생각하고 행동해야 한다. 호기심을 가지고 의문점들을 차근차근 풀어나가다 보면 어느새 수학적인 사고에 필요한 논리력과 관찰력, 추리력이 쑥쑥 커져 있을 것이기 때문이다. 여러분도 라비가 되고 싶지 않은가? 수학 교사로서 내가 가르치는 학생들도 라비처럼 훌륭한 수학탐정이 될 것을 기대해 본다.

오혜정

# 범죄 수학 <sup>season</sup> 1

ⓒ 리스 하스아우트 , 2007

**초 판 1쇄 발행일** 2010년 7월 23일
**개정판 11쇄 발행일** 2024년 1월 15일

**지은이** 리스 하스아우트   **옮긴이** 오혜정
**펴낸이** 김지영   **펴낸곳** 지브레인<sup>Gbrain</sup>
**감수** 남호영   **제작 · 관리** 김동영   **마케팅** 조명구

**출판등록** 2001년 7월 3일 제2005-000022호
**주소** 04021 서울시 마포구 월드컵로7길 88 2층
**전화** (02)2648-7224   **팩스** (02)2654-7696

**ISBN** 978-89-5979-446-1(04410)
        978-89-5979-450-8(SET)